普通高等教育"十五"国家级规划教材
（高职高专教育）

# 物理实验教程

## 第 二 版

李寿松　主编

李寿松　苏　平
王晓耕　李　平　编

高等教育出版社

## 内容提要

本书是教育部高职高专规划教材,也是普通高等教育"十五"国家级规划教材,本书是在第一版的基础上,结合高职高专《物理实验课程教学基本要求》的修订,对《物理实验教程》进行了全面的修改。全书内容包括绪论、测量误差和数据处理、前导实验、物理实验中的基本调节与操作技术、基本实验、物理实验中的实验方法和测量方法、提高实验、设计性实验和测量不确定度等九章。选编32个实验项目,其中前导实验6个,基本实验15个,提高实验6个,设计性实验5个。书末备有有关附表和实验仪器插图。

本书可作为高等职业学校、高等专科学校、成人高校及本科院校举办的二级职业技术学院和民办高校各专业的物理实验教材,也可供工科本科物理实验课程学时数较少的专业选用。

## 图书在版编目(CIP)数据

物理实验教程/李寿松主编. —2版. —北京:高等教育出版社,2003.4(2014.12重印)
ISBN 978-7-04-012414-9

Ⅰ.物… Ⅱ.李… Ⅲ.物理学-实验-高等学校-教材
Ⅳ.04-33

中国版本图书馆 CIP 数据核字(2003)第008299号

| | | | | |
|---|---|---|---|---|
| 出版发行 | 高等教育出版社 | 咨询电话 | 400-810-0598 | |
| 社　　址 | 北京市西城区德外大街4号 | 网　　址 | http://www.hep.edu.cn | |
| 邮政编码 | 100120 | | http://www.hep.com.cn | |
| 印　　刷 | 北京铭成印刷有限公司 | 网上订购 | http://www.landraco.com | |
| 开　　本 | 787×1092　1/16 | | http://www.landraco.com.cn | |
| 印　　张 | 10.5 | 版　　次 | 1998年5月第1版 | |
| 字　　数 | 240 000 | | 2003年4月第2版 | |
| 插　　页 | 2 | 印　　次 | 2014年12月第17次印刷 | |
| 购书热线 | 010-58581118 | 定　　价 | 17.50元 | |

本书如有缺页、倒页、脱页等质量问题,请到所购图书销售部门联系调换。
版权所有　侵权必究
物 料 号　12414-00

# 出 版 说 明

为加强高职高专教育的教材建设工作,2000年教育部高等教育司颁发了《关于加强高职高专教育教材建设的若干意见》(教高司[2000]19号),提出了"力争经过5年的努力,编写、出版500本左右高职高专教育规划教材"的目标,并将高职高专教育规划教材的建设工作分为两步实施:先用2至3年时间,在继承原有教材建设成果的基础上,充分汲取近年来高职高专院校在探索培养高等技术应用性专门人才和教材建设方面取得的成功经验,解决好高职高专教育教材的有无问题;然后,再用2至3年的时间,在实施《新世纪高职高专教育人才培养模式和教学内容体系改革与建设项目计划》立项研究的基础上,推出一批特色鲜明的高质量的高职高专教育教材。根据这一精神,有关院校和出版社从2000年秋季开始,积极组织编写和出版了一批"教育部高职高专规划教材"。这些高职高专规划教材是依据1999年教育部组织制定的《高职高专教育基础课程教学基本要求》(草案)和《高职高专教育专业人才培养目标及规格》(草案)编写的,随着这些教材的陆续出版,基本上解决了高职高专教材的有无问题,完成了教育部高职高专规划教材建设工作的第一步。

2002年教育部确定了普通高等教育"十五"国家级教材规划选题,将高职高专教育规划教材纳入其中。"十五"国家级规划教材的建设将以"实施精品战略,抓好重点规划"为指导方针,重点抓好公共基础课、专业基础课和专业主干课教材的建设,特别要注意选择一部分原来基础较好的优秀教材进行修订使其逐步形成精品教材;同时还要扩大教材品种,实现教材系列配套,并处理好教材的统一性与多样化、基本教材与辅助教材、文字教材与软件教材的关系,在此基础上形成特色鲜明、一纲多本、优化配套的高职高专教育教材体系。

普通高等教育"十五"国家级规划教材(高职高专教育)适用于高等职业学校、高等专科学校、成人高校及本科院校举办的二级职业技术学院、继续教育学院和民办高校使用。

教育部高等教育司
2002年11月30日

# 第二版前言

本书是教育部高职高专规划教材，也是普通高等教育"十五"国家级规划教材，本书在第一版的基础上，结合高职高专《物理实验课程教学基本要求》的修订，对《物理实验教程》进行了全面的修改。教材内容的主要变动如下：

1. 在国际计量局（BIPM）、国际标准化组织（ISO）等七个国际组织的参与下，于1993年公布了《测量不确定度表达导则》和《国际通用计量学基本术语》（第二版），从而使测量结果的不确定度表示体系进入一个日臻完善、全面推广的新阶段。为此，本书增加"测量不确定度"一章。各校可根据具体情况进行讲解或供学生阅读。

2. 以《基本要求》中提出的"应加强技能性实验，减少验证性实验，开设一定数量的综合性实验和简单设计性实验"为原则，调整原书中的部分实验内容。删去"气轨上测简谐振动的周期"等三个实验，增加"声速的测定"、"用旋光仪测糖溶液的质量浓度"两个实验。

本书由李寿松主编。各参编作者分工如下：苏平（实验一、实验二、实验三、实验四、实验五、实验六、实验八、实验二十、实验二十一、第四章）、王晓耕（实验7-Ⅲ、实验九、实验十二、实验十三、实验14-Ⅰ、实验十七、实验二十八、实验二十九、实验三十一）、李平（实验7-Ⅰ、实验7-Ⅱ、实验十、实验十五、实验十六、实验十八、实验十九、实验二十二、实验二十三、实验二十四、实验二十五、实验二十六）、李寿松（第一章、第二章、第六章、第九章、实验十一、实验14-Ⅱ、实验二十七、实验三十、实验三十二、附表、插图）。

由于编者水平有限，书中一定存在不少错误和不妥之处，敬请使用本书的教师和读者批评指正。

编　者
2003 年 1 月

# 第一版前言

本书根据《高等学校工程专科物理实验课程教学基本要求》编写，编写工作是在普通高等工程专科物理课程教学委员会指导下完成的。

本书内容包括绪论、测量误差和数据处理、前导实验、物理实验中的基本调节与操作技术、基本实验、物理实验中的实验方法和测量方法、提高实验和设计性实验等八章，并附有有关附表。编者在编写时，注意了以下几个方面：

1. 在教材的体系上，突破传统的力、热、电、磁、光到近代物理的排列顺序，根据逐步提高学生的实验技能，由浅入深、由简单到复杂的原则，实验项目按前导实验、基本实验、提高实验和设计性实验的次序排列，各部分内容之间有明显的阶梯性。

2. 物理实验课程是对学生进行科学实验基本训练的一门独立的必修的实验基础课，为了加强课程自身的基本理论和基本方法，本书将测量误差和数据处理、物理实验中的基本调节与操作技术、物理实验的实验方法和测量方法分别立章。

3. 在教材的内容处理上，注意选取培养学生动手能力、思维能力和创造性能力效果较好的实验项目。鉴于目前工科院校、高等工业专科学校和职业大学的现状各异，本书选编了33个实验项目，有的项目还列出几种不同的实验方法，以便各校在使用本书时根据自身的实际情况和实验总学时数选用。

4. 在内容叙述上，力求做到实验目的明确，实验原理叙述清楚，仪器介绍实用、典型，实验步骤简明可行。

本书采用以国际单位制(SI)为基础的我国法定计量单位；物理学名词使用全国自然科学名词审定委员会公布的《物理学名词(1996)》的表述；按量和单位国家标准(GB3100—3102)的规定表示物理量的符号和科学符号。需要说明的是，考虑到现行使用仪器面板上符号的实际情况，有些符号字体作了灵活处理。

本书由李寿松主编。各参编作者分工如下：苏平(实验一、实验二、实验三、实验四、实验五、实验六、实验七、实验九、实验二十三、第四章)、王晓耕(实验8-Ⅲ、实验十、实验十三、实验十四、实验15-Ⅰ、实验十九、实验二十九、实验三十、实验三十二)、李平(实验8-Ⅰ、实验8-Ⅱ、实验十一、实验十六、实验十七、实验二十、实验二十一、实验二十二、实验二十四、实验二十五、实验二十六、实验二十七)、李寿松(第一章、第二章、第六章、实验十二、实验15-Ⅱ、实验十八、实验二十八、实验三十一、实验三十三、附表)。

本书在编写和审稿过程中，得到教育部高等教育司和高等教育出版社以及编者所在学校的关心和支持。本书由吕卫星主审，参加审稿的有怀国桢、孙日新、洪林和胡经国，他们对本书的编写提出了许多宝贵的意见。此外，王宝杏、李锦英、冯宜信、周岚、王伟、朱淑梅、陶玉荣和李倚云等对本书的编写给予了许多帮助。编者谨向他们表示深切的谢意。

由于编者水平有限，书中一定存在不少错误和不妥之处，敬请使用本书的教师和读者批评指正。

编  者<br>1997年5月

# 目 录

第一章　绪论 …………………………………… 1
　§1-1　物理实验的地位和作用 ……………… 1
　§1-2　物理实验课的教学目的 ……………… 2
　§1-3　物理实验课的基本程序 ……………… 2
第二章　测量误差和数据处理 ………………… 4
　§2-1　测量与误差 …………………………… 4
　§2-2　直接测量结果误差的估算 …………… 6
　§2-3　间接测量结果误差的估算 …………… 10
　§2-4　有效数字及其运算 …………………… 11
　§2-5　数据处理的基本方法 ………………… 15
第三章　前导实验 ……………………………… 20
　实验一　物体密度的测定 …………………… 20
　实验二　气轨上测滑块的速度和加速度 …… 25
　实验三　测绘线性电阻和非线性电阻的
　　　　　伏安特性曲线 ……………………… 29
　实验四　多用电表的使用 …………………… 35
　实验五　用惠斯通电桥测电阻 ……………… 39
　实验六　薄透镜焦距的测定 ………………… 43
第四章　物理实验中的基本调整与
　　　　操作技术 …………………………… 48
　§4-1　仪器调整与操作技术 ………………… 48
　§4-2　电磁学实验基本规则 ………………… 50
　§4-3　光学实验基本规则 …………………… 51
　§4-4　用计算器计算标准偏差 ……………… 51
第五章　基本实验 ……………………………… 53
　实验七　转动惯量的测量 …………………… 53
　　7-Ⅰ　三线扭摆法 ………………………… 53
　　7-Ⅱ　转动惯量仪 ………………………… 55
　　7-Ⅲ　气垫转盘 …………………………… 58
　实验八　用拉伸法测金属丝的弹性模量 …… 60
　实验九　用落球法测液体的粘度 …………… 65
　实验十　用拉脱法测液体的表面张力
　　　　　系数 ………………………………… 67
　实验十一　导热系数的测定 ………………… 69

实验十二　用模拟法描绘静电场 ……………… 72
实验十三　电表的改装和校正 ………………… 75
实验十四　电势差计的使用 …………………… 78
　14-Ⅰ　用线式电势差计测电池的电
　　　　　动势 ………………………………… 78
　14-Ⅱ　用箱式电势差计测温差电
　　　　　动势 ………………………………… 81
实验十五　示波器的使用 ……………………… 83
实验十六　用霍耳元件测磁场 ………………… 91
实验十七　光的干涉 …………………………… 93
实验十八　分光计的调节和使用　用光栅
　　　　　测波长 ……………………………… 97
实验十九　用最小偏向角法测折射率 ……… 102
实验二十　用旋光仪测糖溶液的质量
　　　　　浓度 ……………………………… 106
实验二十一　摄影技术 ……………………… 109
第六章　物理实验中的实验方法和
　　　　测量方法 ………………………… 116
　§6-1　比较法 ………………………………… 116
　§6-2　放大法 ………………………………… 117
　§6-3　平衡法 ………………………………… 118
　§6-4　补偿法 ………………………………… 118
　§6-5　转换法 ………………………………… 119
　§6-6　模拟法 ………………………………… 120
　§6-7　干涉法 ………………………………… 121
第七章　提高实验 …………………………… 123
　实验二十二　声速的测定 ………………… 123
　实验二十三　灵敏电流计的使用 ………… 125
　实验二十四　迈克耳孙干涉仪的使用 …… 129
　实验二十五　全息照相 …………………… 133
　实验二十六　用光电效应法测普朗克
　　　　　　　常量 ………………………… 135
　实验二十七　弗兰克－赫兹实验 ………… 138
第八章　设计性实验 ………………………… 142

实验二十八　气轨上测重力加速度 …… 142
　　实验二十九　用驻波法测振动频率 …… 143
　　实验三十　用电势差计校正电表 …… 144
　　实验三十一　用干涉法测微小量 …… 144
　　实验三十二　氢原子里德伯常量的测定 …… 144

**第九章　测量不确定度** …… 146
　　§9-1　测量不确定度及其分类 …… 146
　　§9-2　直接测量结果不确定度的估算 …… 148
　　§9-3　间接测量结果不确定度的估算 …… 151

**附表** …… 152
　　附表Ⅰ　基本物理常量 …… 152
　　附表Ⅱ　国际单位制 …… 152
　　附表Ⅲ　20℃时常用固体和液体的密度 …… 153
　　附表Ⅳ　常用金属的弹性模量 …… 154
　　附表Ⅴ　在不同温度下与空气接触的水的表面张力系数 $\alpha$ …… 154
　　附表Ⅵ　液体的粘度 …… 154
　　附表Ⅶ　部分材料的导热系数 …… 155
　　附表Ⅷ　热电偶电动势的基本值 …… 155
　　附表Ⅸ　常温下某些物质的折射率 …… 156
　　附表Ⅹ　常用光源的谱线波长 …… 156
　　附表Ⅺ　海平面上不同纬度处的重力加速度 …… 157
　　附表Ⅻ　显影、定影、漂白液的配方 …… 157

**插图**

# 第一章 绪 论

## §1-1 物理实验的地位和作用

科学的理论来源于科学的实验,并受到科学实验的检验,物理学的理论,就是通过观察、实验、抽象、假说等研究方法,并通过实验的检验而建立起来的.

观察和实验是物理学中的重要研究方法.观察就是对自然界中发生的某种现象,在不改变自然条件的情况下,按照原来的样子加以观察研究.而实验则是人们按照一定的研究目的,借助特定的仪器设备,人为地控制或模拟自然现象,使自然现象以比较纯粹或典型的形式表现出来,进而对其进行反复地观察和测试,探索其内部规律的一种方法.

物理学从本质上说是一门实验科学.无论是物理规律的发现,还是物理理论的验证,都要有待于实验.在物理学的发展史上,伽利略用实验否定亚里士多德"力是维持物体运动的原因"的论断;麦克斯韦根据电磁学的实验定律建立电磁场理论,并预言了电磁波的存在,但这些也只有在赫兹进行了电磁波的实验后才被人们所公认.实验还是物理理论演变、发展的动力.20世纪初光电效应、黑体辐射等一系列的物理实验事实与经典理论发生了矛盾,导致了相对论和量子力学的产生.实验又是理论付诸于应用的桥梁.热核聚变理论指出,通过热核聚变可以获得巨大的能量,但是要想很好地利用它,还需要通过许多艰苦的实验才能实现.当然,科学实验既是理论研究活动的基础,又离不开理论的指导.实验研究课题的选择,实验的构思和设计,实验方法的确定,实验数据的处理,以及由实验结果中提出的科学假设和科学结论等等,都始终受理论所支配.总之,历史表明,物理学的发展是在实验和理论两方面相互推动和密切结合下进行的.

物理实验不仅在物理学的发展中占有重要的地位,而且在推动其它自然学科、工程技术的发展中也起着重要的作用.特别在不少交叉学科中,物理实验的构思、方法和技术与化学、生物学、天文学等学科的相互结合已取得丰硕的成果.此外,物理实验还是众多高新技术发展的源泉.原子能、半导体、激光、超导和空间技术等最新科技成果,都是与物理实验密切相关的.

1976年12月10日,丁肇中在斯德哥尔摩获得诺贝尔物理奖时的一段话,给予我们很大的启迪.他说:"我是在旧中国长大的,因此想借此机会向发展中国家的青年强调实验工作的重要性.中国有一句古话,'劳心者治人,劳力者治于人',这种落后的思想,对发展中国家的青年们有很大的害处.由于这种思想,很多发展中国家的学生都倾向于理论的研究,而避免实验工作.事实上,自然科学理论不能离开实验的基础,特别,物理学是从实验中产生的."

## §1-2　物理实验课的教学目的

根据《高等学校工程专科物理实验课程教学基本要求》的规定，物理实验是学生进行科学实验基本训练的一门独立的必修的实验基础课，是学生进入大学后，受到系统的实验方法和实验技能训练的开端，是学生学习后继课程的实验和进行工程实验的基础．

物理实验课的任务是：

一、通过对实验现象的观察、分析和对物理量的测量，学习并掌握物理实验的基本知识、基本方法和基本技能，并加深对物理学原理的理解．

二、使学生学会常用物理仪器的调整及正确的使用方法．

三、使学生初步具备处理数据、分析结果、撰写实验报告的能力．

四、培养学生科学系统的思维方式、一丝不苟的严谨态度、实事求是的工作作风和团结协作的精神．

## §1-3　物理实验课的基本程序

物理实验课通常分下列三个阶段进行：

### 一、实验前的预习

为了在规定的时间内保质保量地完成实验内容，学生在实验前必须做好预习工作．

实验教材是实验的指导书，它对每一个实验的目的、要求、实验原理都作了明确的阐述，因此，在上实验课前必须认真地阅读．在做设计性实验时，根据实验的要求，还需查阅有关参考资料．实验中涉及的仪器，不少是从未见过的，在预习时就需认真阅读教材中的仪器介绍，弄清仪器的原理、构造、操作规程和注意事项等．特别是注意事项，不仅要仔细看，还要牢记，否则会造成仪器损坏，甚至人身事故．对仪器的构造，应尽可能地去理解、去想像，必要时还需去实验室观察实物．

在预习的基础上，写好预习报告，其内容包括实验名称、实验目的、实验原理和数据记录表格．此外，根据实验内容，准备好实验中所需的绘图工具、计算器等．

### 二、实验操作

实验时应严格遵守实验室的规章制度．在实验正式进行前，首先结合仪器实物，对照实验教材或仪器说明书，认识和熟悉仪器的结构和用法；其次要全面地想一想实验的操作程序，怎样做更为合理，不要急于动手．因为对于操作程序中某些关键步骤而言，哪怕是作微小改变，都有可能使实验前功尽弃．

仪器的安装和调整是决定实验成败的关键一环．使用仪器进行测量时，必需满足仪器的正常工作条件（如螺旋测微器的调零、天平调水平和平衡、光路调共轴等）．不重视仪器的调整而急于进行测量，是初学者易犯的毛病，应予纠正．

实验测量应遵循"先定性、后定量"的原则．即先定性地观察实验全过程，确认整个实验装置工作是否正常，对所测内容做到心中有数．在可能的情况下，对数据的数量级和走向作出估计之后，再定量地读取和记录测量数据．测量时，观测者应集中精力、细心操作、仔细观察，并积极发挥主观能动性，以获得所用仪器可能达到的最佳结果．

原始数据是宝贵的第一手资料，是以后计算和分析问题的依据，应按有效数字的规则正确记录．实验记录的内容应包括：日期、时间、地点、合作者、仪器的编号、名称和规格、原始数据及有关现象．

实验数据是否合理，学生应首先自查，然后交给指导教师审查．对不合理的和错误的实验结果，应分析原因，及时补测或重做．离开实验室前，应自觉整理好仪器，并做好清洁工作．

### 三、实验报告的书写

书写实验报告的目的是为了培养学生以书面形式总结工作和报告科学成果的能力．实验报告要求文字通顺、字迹端正、数据完整、图表规范、结果正确．

一份完整的实验报告应包括实验名称、实验目的、实验原理、实验步骤、原始数据、数据处理和讨论等内容．对于实验原理应在理解教材内容的基础上用自己的语言来阐述，做到简明扼要．实验步骤只要写出关键性的仪器调整方法和测量技巧，不要照抄教材中的操作步骤．原始测量数据一般要求以列表形式出现．数据处理要写出数据计算的主要过程、图表和最后结果的误差分析．对实验过程和结果的讨论要具体深入，有分析、有见解，不要泛泛而谈，其内容一般不受限制，可以是对观察到的实验现象进行分析，对结论和误差原因进行分析，也可以对实验方案提出改进意见．

应当指出，实事求是的科学态度和严肃认真的工作作风是科学工作者应具备的品德．在处理数据和书写实验报告时，严禁伪造实验数据．

# 第二章 测量误差和数据处理

一切物理量的测量都不可能是完全准确的，这是因为在科学技术发展和水平提高的过程中，人们的认识能力和测量仪器的制造精度都受到相应的限制，测量误差的存在是一种不以人们意志为转移的客观事实．当今误差理论及其应用已发展成为一门专门的学科．作为对学生进行科学实验基本训练的物理实验课程，必须赋予学生最基本的误差理论知识．为此，本章主要讲述：误差的基本概念，误差的估算方法，有效数字及其运算和数据处理的基本方法．

## §2-1 测量与误差

### 一、测量和单位

进行物理实验时，不仅要定性地观察所发生的物理现象，而且要定量地测量物理量的大小，找出物理量之间的定量关系，因此物理实验离不开对物理量的测量．**测量就是将待测量与一个选作单位的同类量进行比较，其倍数与单位的乘积即为该待测量的量值**．显然数值的大小与选用的单位有关，对同一对象测量时，选用的单位越大，数值就越小，反之亦然．因此，在表示一个被测对象的量值时，就必须包含数值和单位两个部分．

根据《中华人民共和国计量法》，规定采用以国际单位制(SI)为基础的中华人民共和国法定计量单位，即以米(长度)、千克(质量)、秒(时间)、安培(电流)、开尔文(热力学温度)、摩尔(物质的量)和坎德拉(发光强度)作为基本单位，其它量的单位都由这七个基本单位导出，称为国际单位制的导出单位．

### 二、直接测量和间接测量

测量分直接测量与间接测量两种．直接测量就是直接用仪器测出待测物理量的量值．例如用米尺测量物体的长度，用天平称量物体的质量等都是直接测量．在物理实验中还有不少物理量不能或者不便于直接用仪器测出，而要根据可直接测量的物理量量值，通过一定的函数关系计算出来，这种测量称为间接测量．例如，用千分尺测出钢球的直径 $d$，然后根据公式 $V = \frac{1}{6}\pi d^3$ 计算出钢球的体积；用电压表量出电阻两端的电压 $U$，用电流表测出电阻中通过的电流 $I$，继而根据欧姆定律计算出电阻 $R = \frac{U}{I}$ 等都是间接测量．

对于同一物理量，有时既可用间接测量测得，亦可用直接测量测得，这在很大程度上取决于实验的方法和选用的仪器．如上所述，用伏安法测量电阻值是间接测量，而用多用电表的欧姆挡测量电阻值就成为直接测量了．

### 三、误差

不论是直接测量或间接测量,其最终目的都是要获得物理量的真值,所谓**真值**就是被测量所具有的、客观的真实数值. 然而实际测量时,总是由具体的观测者,通过一定的测量方法,使用一定的测量仪器和在一定的测量环境中进行的. 由于受到观测者的操作和观察能力、测量方法的近似性、测量仪器的分辨率和准确度、测量环境的波动等因素的影响,其测量结果和客观的真值之间总有一定的差异,我们把测量结果与真值之间的偏离称为**误差**.

测量值 $x$ 与真值 $\mu$ 之差称为**测量误差**. 以 $\Delta$ 表示,即

$$\Delta = x - \mu \tag{2-1}$$

误差自始至终存在于一切科学实验的过程之中,虽然随着科学技术的日益发展和人们认识水平的不断提高,误差可能被控制得越来越小,但始终不可能消除.

### 四、误差的分类

误差按其性质和产生原因,可分为系统误差、随机误差和疏失误差三种:

1. 系统误差

在相同的条件下,多次测量同一物理量时,若误差的大小和正负总保持不变或按一定的规律变化,这种误差称为**系统误差**. 系统误差是带有系统性和方向性的误差.

系统误差的来源主要有:测量方法的因素,如单摆的周期公式 $T = 2\pi\sqrt{\dfrac{l}{g}}$ 是近似公式,伏安法测电阻时没有考虑电表内阻的影响等;仪器的因素,如天平的两臂不等长,游标卡尺的零点不准等;环境的因素,如测磁体磁场时受到地磁场的影响,在 30 ℃时使用 20 ℃时标定的标准电池等;还有观测者的因素,如有人读数时有偏大(或偏小)的固癖,有人按秒表时总是滞后等.

系统误差有些是定值的,如游标卡尺的零点不准;有些是积累性的,如用受热膨胀的钢卷尺进行测量时,其测量值就小于真值,误差随测量长度成比例地增加;还有些是周期性变化的,如停表指针的转动中心与表面刻度的几何中心不重合,造成偏心差,其读数的误差就是一种周期性的系统误差.

系统误差是测量误差的重要组成部分,发现、估计和消除系统误差,对一切测量工作都是非常重要的. 因此,观测者测量前必须对影响结果的各种因素进行分析研究,预见、发现、估算、检验一切可能产生系统误差的来源,并设法予以消除或修正.

2. 随机误差

在相同的条件下,多次测量物理量时,若误差的符号时正时负,其绝对值时大时小,没有确定的规律,这种误差称为**随机误差**.

随机误差的产生,取决于测量过程中一系列随机因素的影响. 其来源主要有:环境的因素,如温度、湿度、气压的微小变化等;观测者的因素,如瞄准、读数的不稳定等;测量装置的因素,如零件配合的不稳定性,零件间的摩擦等.

随机误差的存在使得测量值时而偏大,时而偏小,看来似乎没有什么规律. 但实际上,随机误差总是服从一定的统计规律的(参见§2-2). 我们可以利用这种规律对实验结果作出随机

误差的误差估算.

**3. 疏失误差**

由于观测者使用仪器的方法不正确，实验方法不合理，读错数据，记错数据等原因，使得测量结果明显地被歪曲，由这些原因引起的误差称为**疏失误差**. 只要观测者具有严肃认真的科学态度，一丝不苟的工作作风，疏失误差是可以避免的.

## §2-2 直接测量结果误差的估算

上一节我们讨论误差的产生和分类，下面将讨论如何对直接测量结果的误差进行估计和计算. 应当指出，在下面的讨论中，我们是在假定消除或修正了系统误差和没有疏失误差的理想前提下，研究随机误差的问题.

**一、随机误差的统计规律**

随机误差的出现从某一次测量来看是出于偶然，当测量次数足够多时，就会显示出明显的规律性. 大量的实验事实和统计理论都证明，在大多数情形下，随机误差服从正态分布，如图 2-1 所示. 图中横坐标为误差 $\Delta$；纵坐标为误差分布概率密度函数 $f(\Delta)$，它表示在误差 $\Delta$ 附近处单位误差间隔内出现的概率. 由图可见，随机误差具有以下几个特征：

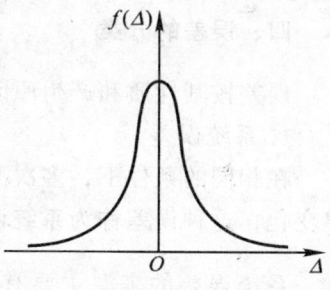

图 2-1 正态分布的误差曲线

(1) **单峰性** 绝对值小的误差出现的概率比绝对值大的误差出现的概率大.

(2) **对称性** 绝对值相等的正、负误差出现的概率相同.

(3) **有界性** 在一定的测量条件下，误差的绝对值不超过一定限度.

(4) **抵偿性** 随机误差的算术平均值随着测量次数的增加而越来越趋向于零，即

$$\lim_{n\to\infty} \frac{1}{n}\sum_{i=1}^{n} \Delta_i = 0$$

因此，增加测量次数可以减少随机误差，随机误差是一种具有抵偿性的误差.

**二、多次测量的平均值**

如上所述，增加测量的次数可以减少随机误差，因此，在可能的情况下，总是采用多次测量. 如果在相同的条件下，对某物理量 $x$ 进行 $n$ 次测量，其测量值分别是 $x_1$, $x_2$, ⋯, $x_n$. 根据误差的统计理论，在一组 $n$ 次测量的数据中，算术平均值 $\bar{x}$ 最接近真值，称为**测量的最佳值或近真值**. 由于测量的误差总是存在的，真值总是不能确切地知道，所以**用算术平均值表示测量的结果**，即

$$\bar{x} = \frac{1}{n}(x_1 + x_2 + \cdots + x_n) = \frac{1}{n}\sum_{i=1}^{n} x_i \tag{2-2}$$

**三、总体标准偏差**

在相同的条件下，对某一物理量进行多次测量称为**等精度测量**. 测量列就是等精度测量所

得到的一组测量值.由于随机误差的存在,各测量值有所不同,标准偏差是对一组测量数据可靠性的一种评价.

当测量次数无限增多时,各测量值 $x_i$ 的误差 $\Delta_i = x_i - \mu$ 平方的平均值的平方根,称为总体标准偏差,以 $\sigma$ 表示,即

$$\sigma = \sqrt{\frac{\Delta_1^2 + \Delta_2^2 + \cdots + \Delta_n^2}{n}} = \sqrt{\frac{\sum_{i=1}^{n} \Delta_i^2}{n}} = \sqrt{\frac{\sum_{i=1}^{n}(x_i - \mu)^2}{n}} \quad (n \to \infty) \quad (2-3)$$

式中 $\Delta_1$,$\Delta_2$,$\cdots$,$\Delta_n$ 分别为各测量值 $x_1$,$x_2$,$\cdots$,$x_n$ 的误差,即 $\Delta_1 = x_1 - \mu$,$\cdots$,$\Delta_n = x_n - \mu$.

应当指出,总体标准偏差 $\sigma$ 与各次测量的误差 $\Delta_i$ 有着完全不同的含义.$\Delta_i = x_i - \mu$ 表示第 $i$ 次测量时,测量值 $x_i$ 与真值 $\mu$ 的差,它是一个实在的误差,亦称**真误差**.而 $\sigma$ 并不是一个具体的测量误差,它反映在相同的条件下进行一组测量后,随机误差概率分布情况,只具有统计性质的意义,是一个统计性的特征值.为了说明总体标准偏差 $\sigma$ 的意义,我们在图 2-1 所示的曲线中标出 $-\sigma$ 和 $\sigma$ 位置,如图 2-2 所示.经计算可以得到,在 $-\sigma \sim \sigma$ 范围内,分布曲线所包围的面积(图中画有斜线的部分)占总面积的 68.3%.也就是说,在相同条件下进行一组测量时,如测量次数 $n$ 很大,则所获数据中,将有 68.3%个数据的误差绝对值 $|\Delta_i|$ 将比总体标准偏差 $\sigma$ 小.由此可见,总体标准偏差 $\sigma$ 所表示的意义为:**在相同条件下进行一组测量时,其中任一测量值的误差落在 $-\sigma \sim \sigma$ 之间的可能性为 68.3%**.

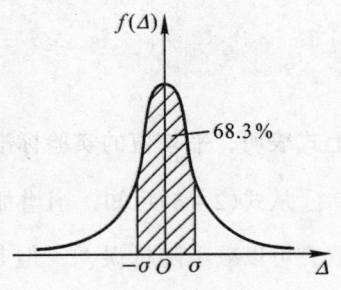

图 2-2 总体标准偏差 $\sigma$ 的意义

### 四、实验标准偏差

总体标准偏差 $\sigma$ 是在真值已知,且测量次数 $n \to \infty$ 条件下定义的.实际上,测量次数总是有限的,真值也是无法知道的.因此总体标准偏差的精确值无法得到,只能求得其估计值.有几种估计总体标准偏差的方法,下面介绍常用的贝塞尔法.

被测物理量的真值 $\mu$ 是未知的,但算术平均值 $\bar{x}$ 最接近于真值.我们将各次测量值 $x_i$ 与**算术平均值 $\bar{x}$ 之差称为该次测量的残差**,以 $v_i$ 表示,即

$$v_i = x_i - \bar{x}$$

设对同一被测量 $x$ 做了 $n$ 次等精度测量,其测量值分别为 $x_1$,$x_2$,$\cdots$,$x_n$,其残差分别为 $v_1 = x_1 - \bar{x}$,$v_2 = x_2 - \bar{x}$,$\cdots$,$v_n = x_n - \bar{x}$.经理论推导,总体标准偏差的估计值与残差的关系为

$$s = \sqrt{\frac{v_1^2 + v_2^2 + \cdots + v_n^2}{n-1}} = \sqrt{\frac{\sum_{i=1}^{n} v_i^2}{n-1}} = \sqrt{\frac{\sum_{i=1}^{n}(x_i - \bar{x})^2}{n-1}} \quad (2-4)$$

式中 $s$ 为总体标准偏差 $\sigma$ 的估计值,称为**实验标准偏差**,简称**标准偏差**.式(2-4)称为**贝塞尔公式**,它是求实验标准偏差的常用计算公式.

应当指出,实验标准偏差 $s$ 不应与总体标准偏差 $\sigma$ 混淆.在计量学领域,对于 $\sigma$,其测量

次数 $n$ 为无穷大. 当测量次数 $n$ 为有限时,实验标准偏差 $s$ 为总体标准偏差 $\sigma$ 的估计值,当测量次数 $n \to \infty$ 时,$s \to \sigma$.

### 五、平均值的实验标准偏差

我们通过测量获得一组数据 $x_1, x_2, \cdots, x_n$,并算出平均值 $\bar{x}$ 作为测量结果,如果在完全相同的条件下,我们重复上述实验时,由于随机误差的影响,不一定能得到完全相同的 $\bar{x}$ 值. 若干组 $n$ 次测量所获得的平均值之间的差异就表示 $\bar{x}$ 本身亦具有离散性. 当然,平均值 $\bar{x}$ 肯定比每次测量值 $x_i$ 更可靠,$\bar{x}$ 的分布比 $x$ 的分布更集中在真值附近,经理论推导得到平均值的实验标准偏差 $s(\bar{x})$ 为

$$s(\bar{x}) = \sqrt{\frac{\sum_{i=1}^{n}(x_i - \bar{x})^2}{n(n-1)}} = \frac{s(x)}{\sqrt{n}} \tag{2-5}$$

上式表明,平均值的实验标准偏差 $s(\bar{x})$ 是 $n$ 次测量中任一次测量值实验标准偏差的 $\frac{1}{\sqrt{n}}$ 倍.

从式(2-5)可知,当增加测量次数时,$s(\bar{x})$ 会越来越小,这就是通常所说的增加测量次数,可以减小随机误差. 但是,由于减小是按 $\frac{1}{\sqrt{n}}$ 的比例变化的,当 $n > 10$ 时,随着 $n$ 的增大,$s(\bar{x})$ 的减小实际已很不明显,因此,在进行多次测量时,一般取 10 次左右就够了.

应当指出,当被测量本身不稳定时,即此量没有确定的真值,计算平均值的实验标准偏差 $s(\bar{x})$ 就没有意义了. 这时只需计算测量值的标准偏差 $s(x)$. 例如,测量一个钢球的直径 $d$,由于钢球本身不圆,在各个方向测量后,所得的 $\bar{d}$ 只代表钢球直径的平均效应,而 $s(d)$ 反映的仅是测量的波动性. 多次测量并不减小对象本身的波动性,所以可以不必计算 $s(\bar{d})$. 只有当被测对象是稳定的,才需计算平均值的实验标准偏差. 由于测量误差纯属随机性,所以具有抵偿性,这时算术平均值更接近于被测对象的真值,其平均值的标准偏差 $s(\bar{x})$ 才理应小于任一次测量值的标准偏差 $s(x)$.

### 六、仪器的标准误差

测量是用仪器或量具进行的,有的仪器比较粗糙或灵敏度较低,有的仪器比较精密或灵敏度较高,但任何仪器均存在误差. 我们把在规定的使用条件下,正确使用仪器时,仪器的示值和被测量的真值之间可能出现的最大误差称为仪器误差,以 $\Delta_仪$ 表示.

仪器误差一般由生产厂家在仪器铭牌或说明书中给出,亦可由生产厂家给出仪器准确度级别,由所用仪器的量程和级别(或只用级别)算出. 对于未说明仪器误差、又不知道准确度级别的仪器,可根据具体情况作出合理的估算,例如取仪器最小分度值作为仪器误差.

一般仪器误差概率密度函数遵从均匀分布的规律,由数学计算可得仪器的标准偏差 $s_仪$ 为

$$s_仪 = \frac{\Delta_仪}{\sqrt{3}} \tag{2-6}$$

### 七、单次直接测量结果的表达

在有的实验中,或者无法对被测物理量进行多次测量,例如被测量本身在变化;或者不必

对被测物理量多次测量,例如实验中对该量的测量精度要求不高,或所用仪器反映不出测量的随机误差. 此时,可只对被测量进行单次测量,就用单次测量得到的测量值 $x_{测}$ 作为最佳估计值,用 $s_{仪} = \dfrac{\Delta_{仪}}{\sqrt{3}}$ 表示单次测量的标准偏差,我们通常把测量结果表示为

$$X = x_{测} \pm s_{仪} \quad (单位) \tag{2-7}$$

### 八、多次直接测量结果的表达

对多次直接测量的物理量,我们通常把测量结果表示为

$$X = \bar{x} \pm s(\bar{x}) \quad (单位) \tag{2-8}$$

根据对标准偏差统计意义上的认识,上式表示,在 $\bar{x} - s(\bar{x}) \sim \bar{x} + s(\bar{x})$ 范围内包含真值 $\mu$ 的可能性为 68.3%.

### 九、绝对误差与相对误差

如前所述,测量值 $x$ 与真值 $\mu$ 之差称为测量误差. 即

$$\Delta = x - \mu$$

由于 $\Delta$ 没有考虑测量值本身的大小,所以我们把这种误差称为**绝对误差**. 但是衡量测量结果的优劣,还需要参考测量值本身的大小. 为此,**将绝对误差 $\Delta$ 与被测量真值 $\mu$ 之比称为相对误差**. 以 $E_r$ 表示,即

$$E_r = \dfrac{\Delta}{\mu} \tag{2-9a}$$

相对误差用百分数来表示,又称**百分误差**,即

$$E_r = \dfrac{\Delta}{\mu} \times 100\% \tag{2-9b}$$

如果被测物理量有理论值(或公认值),则用百分误差来表示测量的优劣,即为

$$E_r = \dfrac{\bar{x} - x_0}{x_0} \times 100\% \tag{2-9c}$$

式中 $x_0$ 为被测物理量的理论值(或公认值).

[例1] 使用分光计测量一块三棱镜的顶角 6 次,得到的测量值分别为

$$x_1 = 60°36'$$
$$x_2 = 60°24'$$
$$x_3 = 60°32'$$
$$x_4 = 60°34'$$
$$x_5 = 60°20'$$
$$x_6 = 60°22'$$

试表达测量结果.

**解**:其算术平均值为

$$\bar{x} = \dfrac{1}{6}(60°36' + 60°24' + 60°32' + 60°34' + 60°20' + 60°22')$$
$$= 60°28'$$

各次测量残差的绝对值分别为

$$|x_1 - \overline{x}| = |60°36' - 60°28'| = 8'$$
$$|x_2 - \overline{x}| = |60°24' - 60°28'| = 4'$$
$$|x_3 - \overline{x}| = |60°32' - 60°28'| = 4'$$
$$|x_4 - \overline{x}| = |60°34' - 60°28'| = 6'$$
$$|x_5 - \overline{x}| = |60°20' - 60°28'| = 8'$$
$$|x_6 - \overline{x}| = |60°22' - 60°28'| = 6'$$

平均值的标准偏差

$$s(\overline{x}) = \sqrt{\frac{\sum_{i=1}^{n}(x_i - \overline{x})^2}{n(n-1)}}$$

$$= \sqrt{\frac{8^2 + 4^2 + 4^2 + 6^2 + 8^2 + 6^2}{6 \times (6-1)}}$$

$$= 2.78' \approx 3'$$

由于随机误差本身是一个估计值,所以其结果只取一位或两位数字.为简单起见,在大学物理实验中我们约定误差一律取一位.这样测量值便表示为

$$x = \overline{x} \pm s(\overline{x}) = 60°28' \pm 3'$$

$60°28' = 3\ 628'$,百分误差为

$$E_r = \frac{s(\overline{x})}{\overline{x}} \times 100\% = \frac{3}{3\ 628} \times 100\% = 0.08\%$$

# §2-3 间接测量结果误差的估算

## 一、间接测量的最佳估计值

前面讨论了直接测量结果及其误差的估算,但在实验中大多数物理量的求得,往往是由一些直接测得量通过一定的公式计算得到的.由直接测得量代入公式计算得到的结果,称为**间接测得量**.将各个直接测得量的最佳估计值(算术平均值)代入测量公式计算,得到的结果称为**间接测得量的最佳估计值**.当测量次数无限增多时,此最佳估计值与间接测得量算术平均值是一致的.设间接测得量 $N$ 是各独立的直接测得量 $X,Y,Z,\cdots$ 的函数,即

$$N = f(X, Y, Z, \cdots)$$

各直接测得量的最佳估计值分别为 $\overline{x},\overline{y},\overline{z},\cdots$,则间接测得量的最佳估计值为

$$\overline{N} = f(\overline{x},\overline{y},\overline{z},\cdots) \tag{2-10}$$

## 二、标准偏差的传递公式

设间接测得量 $N = f(X,Y,Z,\cdots)$,式中 $X,Y,Z,\cdots$ 为各独立的直接测得量,它们分别表示为 $X = \overline{x} \pm s(\overline{x})$,$Y = \overline{y} \pm s(\overline{y})$,$Z = \overline{z} \pm s(\overline{z})$,$\cdots$,则间接测得量 $N$ 表示为

$$N = \overline{N} \pm s(\overline{N})$$

式中 $\overline{N}$ 为间接测得量 $N$ 的最佳估计值,据式(2-10)有

$$\overline{N} = f(\overline{x},\overline{y},\overline{z},\cdots)$$

$s(\overline{N})$ 为间接测得量平均值的标准偏差.经理论计算可以得到间接测得量平均值的标准偏差

$s(\overline{N})$为

$$s(\overline{N}) = \sqrt{\left(\frac{\partial f}{\partial X}\right)^2 s^2(\overline{x}) + \left(\frac{\partial f}{\partial Y}\right)^2 s^2(\overline{y}) + \left(\frac{\partial f}{\partial Z}\right)^2 s^2(\overline{z}) + \cdots} \qquad (2-11)$$

上式称为**标准偏差的传递公式**. 该式不仅可以用来计算间接测得量 $N$ 的标准偏差，而且还可以用来分析各直接测得量的标准偏差对最后结果的标准偏差的影响大小，从而为改进实验指明了努力的方向. 在设计某项实验时，还能为合理地组织实验，选择仪器提供必要的依据.

为使用方便，下面将常用的标准偏差传递公式列入表 2-1，以供查找.

表 2-1　常用运算关系的标准偏差传递公式

| 运 算 关 系 | 标准偏差传递公式 |
|---|---|
| $N = X + Y$ | $s(\overline{N}) = \sqrt{s^2(\overline{x}) + s^2(\overline{y})}$ |
| $N = X - Y$ | $s(\overline{N}) = \sqrt{s^2(\overline{x}) + s^2(\overline{y})}$ |
| $N = X \cdot Y$ | $\dfrac{s(\overline{N})}{N} = \sqrt{\left[\dfrac{s(\overline{x})}{\overline{x}}\right]^2 + \left[\dfrac{s(\overline{y})}{\overline{y}}\right]^2}$ |
| $N = \dfrac{X}{Y}$ | $\dfrac{s(\overline{N})}{N} = \sqrt{\left[\dfrac{s(\overline{x})}{\overline{x}}\right]^2 + \left[\dfrac{s(\overline{y})}{\overline{y}}\right]^2}$ |
| $N = X^n$ | $\dfrac{s(\overline{N})}{N} = n\dfrac{s(\overline{x})}{\overline{x}}$ |
| $N = \sqrt[n]{X}$ | $\dfrac{s(\overline{N})}{N} = \dfrac{1}{n}\dfrac{s(\overline{x})}{\overline{x}}$ |
| $N = \sin X$ | $s(\overline{N}) = |\cos \overline{x}| s(\overline{x})$ |
| $N = \cos X$ | $s(\overline{N}) = |\sin \overline{x}| s(\overline{x})$ |
| $N = \ln X$ | $s(\overline{N}) = \dfrac{s(\overline{x})}{\overline{x}}$ |

## §2-4　有效数字及其运算

### 一、有效数字

物理实验离不开物理量的测量，直接测量需要记录数据，间接测量不仅需要记录数据，而且要进行数据的计算. 由于任何测量都存在误差，那么，在直接测量被测物理量数值时应取几位数字? 在按函数关系计算间接测得量数值时又要保留几位数字呢? 这是实验数据处理中一个重要问题.

为了正确地反映测量的精密程度，引入有效数字的概念. 我们把**测量结果中可靠的几位数字加上可疑的一位数字**统称为测量结果的有效数字. 有效数字的最后一位虽然是可疑的，但它在一定程度上反映客观实际，因此它也是有效的.

从仪器上读出的数字，通常都应尽可能地估计到仪器最小刻度线以下一位. 例如，用最小刻度为毫米的米尺来测量某物体的长度(如图2-3(a)),可以看出这物体的长度大于1.6 cm,小于1.7 cm. 虽然米尺上没有小于毫米的刻度,但可以凭目力估计到$\frac{1}{10}$ mm$\left(\text{即最小取刻度的}\frac{1}{10}\right)$,因而可以读出物体的长度为1.63 cm,1.64 cm或1.65 cm. 前两位数字可以从尺上直接读出,是可靠数字;而第三位数字是观测者估读出来的,估读的结果因人而异,因此这一位数字是有疑问的,通常称为存疑数字. 由于第三位数字已是可疑的,所以在它以下的各位数字的估计就没有必要了. 这样,这个测量值包含三位有效数字. 如果物体的末端正好与刻度线对齐(如图2-3(b)),估读一位是"0"也是有效数字,必须记录. 此时读出物体的长度应为1.60 cm,是三位有效数字,如写成1.6 cm就不能如实反映测量的精度,在实验中读数时,请勿忘记此点.

应当指出,在测量数据中,1,2,…,9九个数字,每个数字都是一位有效数字而"0"是特殊的,需要注意以下几种情况:

1. 数字间的"0"为有效数字. 例如80.86 cm是四位有效数字.

2. 数字后的"0"为有效数字. 例如在图2-3(b)中,物体的长度为1.60 cm是三位有效数字.

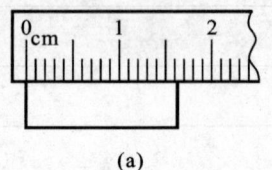 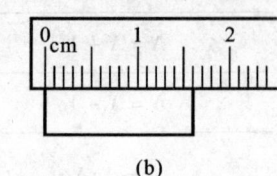

(a)　　　　　　(b)

图2-3　长度的测量

3. 数字前的"0"不是有效数字. 例如0.26、0.026或0.002 6都是两位有效数字,这里的"0"表示的是数量级的大小,而实际测量只进行两位,所以这种情况下的"0"是不算作有效数字的.

为了书写规范,我们常采用以下的标准形式,即用10的方幂来表示其数量级,常使小数点前取一位数字. 例如0.067 8 cm,写成标准形式为$6.78×10^{-2}$ cm,这样写不仅整齐规范,而且非有效数字的"0"也自然消失. 在进行单位换算时,必须采用标准形式,才不会使有效数字因单位换算有所改变. 例如208.6 m不能写成208 600 mm,而应写成$2.086×10^2$ m$=2.086×10^5$ mm.

## 二、有效数字的运算规则

1. 有效数字的运算结果通常只保留一位存疑数字. 例如

$$\begin{array}{r} 48.\underline{6} \\ +\phantom{0}6.24\underline{3} \\ \hline 54.8\underline{4}\underline{3} \end{array}$$

式中,我们在存疑数字下方加一横线,以便与可靠数字相区别. 因为48.$\underline{6}$中的6是存疑数字,所以$\underline{6}+2=\underline{8}$也是存疑的,其后的两位数便无意义了. 按照现在通用的"四舍六入五凑偶"法则(即尾数小于五则舍,大于五则入,等于五时,前一项是偶数则舍,前一项是奇数则入),其结果为54.$\underline{8}$.

又如

$$\begin{array}{r} 67.74\underline{8} \\ +\phantom{0}0.42\underline{6} \\ \hline 68.17\underline{4} \end{array}$$

同理，有效数字可以取到小数点后一位，按照"大于五则入"的原则，本例应向前进位，其结果为 68.2，有效数字为三位．

从以上两例可见，**两个量相加（或相减）时，应遵照各量中存疑数字所在数位最前的一个为准来进行计算**．该方法可以推广到多个量的相加（或相减）的计算中去．

2. 几个量相乘（或相除）时，同样根据计算结果只保留一位存疑数字的原则．例如

$$
\begin{array}{r}
1.52\underline{3} \\
\times\ 18.\underline{6} \\
\hline
9\ 13\underline{8} \\
12\ 1\ \underline{8}\ 4 \\
15\ \underline{2}\ 3 \\
\hline
28.3\ \underline{2}\ 7\ 8
\end{array}
\qquad
\begin{array}{r}
35.\underline{3}5 \\
361\overline{)12764} \\
1083 \\
\hline
19\ \underline{3}^{*}4 \\
180\underline{5} \\
\hline
12\underline{9}\ 0 \\
108\underline{3} \\
\hline
2\ 0\ \underline{7}\ 0 \\
1\ 8\ 0\ \underline{5} \\
\hline
2\ \underline{6}5
\end{array}
$$

以上两例的结果分别为 28.$\underline{3}$ 和 35.$\underline{4}$，有效数字都是三位，与乘数、被乘数（或除数、被除数）中有效数字少的相同．从以上两例可见，**两个量相乘（或相除）的积（或商），其有效数字一般与诸因子中有效数字最少的相同**．以上方法可以推广到多个量的相乘（或相除）等运算中去．

同理可以证明，一个数的乘方、开方的有效数字与该数的有效数字位数相同．对于对数、指数、三角函数等初等函数运算，也可得到一些类似的运算规则．例如 $\ln 4.3\underline{8} = 1.4\underline{8}$；$\sin 35.5\underline{8}° = 0.581\underline{8}$ 等．对于一个数的常用对数，尾数的有效数字与该数的有效数字位数相同．例如 $\lg 19.8\underline{8} = 1.298\ \underline{4}$．

3. 如果常用公式中的某些数字是绝对准确数字，计算不能以它为准来考虑计算结果的有效数字的位数．例如 $E_k = \dfrac{1}{2} mv^2$ 中，分母上的 2 是绝对准确的数字，不能因为"2"的存在，计算结果就取一位有效数字，而应与 $m$ 和 $v$ 中有效数字位数最少的相同．

4. 如果常用公式中的某些常数已有准确的数值，计算时也只须考虑其它量的有效数字位数．例如，运用 $S = \pi r^2$ 计算圆面积时，若 $r$ 有三位有效数字．则 $\pi$ 可取 3.142，而计算结果取三位有效数字．若 $r$ 有五位有效数字，则 $\pi$ 可取 3.141 59，而计算结果取五位有效数字．

5. 如果某一计算中，既有加减，又有乘除，则可逐步按上述有效数字运算法则处理．以决定最后计算结果中的有效数字的位数．例如

$$\frac{860.0 - 326.0}{0.128 - 0.083\ 60} = \frac{534.0}{0.044} = 1.2 \times 10^4$$

计算结果取两位有效数字．

---

\* "3" 虽为存疑数字，但不影响商"5"，它还是准确数字．

应当指出，本节讲的是有效数字的实验数据记录和运算规则，它不能代替绝对误差和相对误差的计算．如果由于各项误差的积累，使间接测得量的标准偏差比较大，那么在最后的结果中，使结果的最后一位与标准偏差的位数对齐，而舍去其它多余的存疑数字．此外，因误差本身只是一个估计的范围，因此在一般情况下，标准偏差的有效数字只取一位，在大学物理实验中我们约定标准偏差一律取一位．

**[例 2]** 某一长度 $L = A - B - C + D$，其中

$$A = 50.00 \pm 0.05 \text{ mm}$$
$$B = 4.05 \pm 0.05 \text{ mm}$$
$$C = 12.63 \pm 0.05 \text{ mm}$$
$$D = 1.003 \pm 0.005 \text{ mm}$$

试计算其结果及相对误差．

**解：**

$$\overline{L} = (50.00 - 4.05 - 12.63 + 1.003) \text{ mm}$$
$$= 34.32 \text{ mm}$$
$$s(\overline{L}) = \sqrt{(0.05)^2 + (0.05)^2 + (0.05)^2 + (0.005)^2} \text{ mm}$$
$$= 0.09 \text{ mm}$$
$$L = \overline{L} \pm s(\overline{L}) = (34.32 \pm 0.09) \text{ mm}$$
$$E_r = \frac{s(\overline{L})}{L} = \frac{0.09}{34.32} \times 100\% = 0.3\%$$

**[例 3]** 用螺旋测微器分别测量某圆柱体不同部位的直径 $d$ 8 次和不同部位的高 $h$ 8 次，得到下列数据：

| 次序 | 直径 $d$/cm | 高 $h$/cm | 次序 | 直径 $d$/cm | 高 $h$/cm |
|---|---|---|---|---|---|
| 1 | 1.649 9 | 2.000 4 | 6 | 1.648 2 | 2.001 5 |
| 2 | 1.659 1 | 1.999 3 | 7 | 1.649 2 | 1.999 5 |
| 3 | 1.647 6 | 2.000 0 | 8 | 1.648 9 | 1.999 0 |
| 4 | 1.658 6 | 2.001 0 | 平均 | 1.648 7 | 2.000 2 |
| 5 | 1.647 9 | 2.001 0 | | | |

试求圆柱体的体积及误差．

**解：**

$$|d_1 - \overline{d}| = |1.649\ 9 - 1.648\ 7| \text{ cm} = 0.001\ 2 \text{ cm}$$
$$|d_2 - \overline{d}| = |1.659\ 1 - 1.648\ 7| \text{ cm} = 0.000\ 4 \text{ cm}$$
$$|d_3 - \overline{d}| = |1.647\ 6 - 1.648\ 7| \text{ cm} = 0.001\ 1 \text{ cm}$$
$$|d_4 - \overline{d}| = |1.658\ 6 - 1.648\ 7| \text{ cm} = 0.000\ 1 \text{ cm}$$
$$|d_5 - \overline{d}| = |1.647\ 9 - 1.648\ 7| \text{ cm} = 0.000\ 8 \text{ cm}$$
$$|d_6 - \overline{d}| = |1.648\ 2 - 1.648\ 7| \text{ cm} = 0.000\ 5 \text{ cm}$$
$$|d_7 - \overline{d}| = |1.649\ 2 - 1.648\ 7| \text{ cm} = 0.000\ 5 \text{ cm}$$
$$|d_8 - \overline{d}| = |1.648\ 9 - 1.648\ 7| \text{ cm} = 0.000\ 2 \text{ cm}$$

由于测量的圆柱体不同部位的直径 $d$，所得的 $\overline{d}$ 只代表圆柱体直径的平均效应，计算平均值的标准偏差 $s(\overline{d})$ 就没有意义了，只需计算标准偏差 $s(d)$．

$$s(d) = \sqrt{\frac{\sum_{i=1}^{n}(d_i - \overline{d})^2}{n-1}}$$

$$= \sqrt{\frac{0.001\,2^2 + 0.000\,4^2 + 0.001\,1^2 + 0.000\,1^2 + 0.000\,8^2 + 0.000\,5^2 + 0.000\,5^2 + 0.000\,2^2}{8-1}}\,\text{cm}$$

$$= 0.000\,8\text{ cm}$$

同理可求出

$$s(h) = 0.000\,9\text{ cm}$$

圆柱体的体积

$$\overline{V} = \frac{1}{4}\pi\,\overline{d}^2\,\overline{h}$$

$$= \frac{1}{4} \times 3.141\,59 \times 1.648\,7^2 \times 2.000\,2\text{ cm}$$

$$= 4.270\,2\text{ cm}^3$$

根据标准偏差传递公式,有

$$\frac{s(V)}{\overline{V}} = \sqrt{\left[\frac{2s(d)}{\overline{d}}\right]^2 + \left[\frac{s(h)}{\overline{h}}\right]^2}$$

$$= \sqrt{\left(\frac{2 \times 0.000\,8}{1.648\,7}\right)^2 + \left(\frac{0.000\,9}{2.000\,2}\right)^2}$$

$$= 0.001$$

标准偏差

$$s(V) = 4.270\,2 \times 0.001\text{ cm}^3 = 0.004\text{ cm}^3$$

测量结果为

$$V = \overline{V} \pm s(V) = (4.270 \pm 0.004)\text{cm}^3$$

## §2-5 数据处理的基本方法

由实验测得的数据,必须经过科学的分析和处理,才能揭示出各物理量之间的关系.我们**把从获得原始数据起到得到结论为止的加工过程称为数据处理**.物理实验中常用的数据处理方法有列表法、图示法、图解法和逐差法等.

### 一、列表法

列表法是记录和处理实验数据的基本方法,也是其它实验数据处理方法的基础.将实验数据列成适当的表格,可以清楚地反映出有关物理量之间的一一对应关系,既有助于及时发现和检查实验中存在的问题,判断测量结果的合理性;又有助于分析结果,找出有关物理量之间存在的规律性.一个好的数据表可以提高数据处理的效率,减少或避免错误.

数据在列表处理时,应遵循以下原则:

1. 表格力求简单明了,便于分析各物理量之间的关系.
2. 表格中应标明所记录的物理量的名称及单位.应按国家标准(GB 3 100~3 102—93)的规定表示物理量的符号.若用自定符号,则需加以说明.
3. 表中数据要按有效数字规则,正确地记录.
4. 表中除列入原始测量数据外,处理过程中的一些重要的中间结果也应列入表中.

### 二、图示法

利用实验数据,将实验中物理量之间的函数关系用几何图线表示出来,这种方法称为**图示**

法．实验图线不仅能简单、直观、形象地显示物理量之间的关系，而且有助于我们研究物理量之间的变化规律，找出定量的函数关系或得到所求的参量．同时，所作的图线对测量数据起到平均的作用，从而减小随机误差的影响．此外，还可以作出仪器的校正曲线，帮助发现实验中的某些测量错误等．因此图示法不仅是一个数据处理方法，而且是实验方法中一个不可分割的部分．

应当指出，实验作图不是示意图，而是要用图来表达从实验中得到的物理量之间的关系，同时还要反映出测量的精确程度，因而作图时必须遵循一定的程序及规则：

1. 作图必须用坐标纸．最常用的是直角坐标纸，根据需要也可选用双对数坐标纸、单对数坐标纸、极坐标纸等．

2. 坐标纸的大小及坐标轴的比例，应根据所测数据的有效数字和结果的需要来确定．原则上数据中的可靠数字在图中是可靠的，数据中可疑的一位在图中亦是估计的．

3. 要适当选取 $x$ 轴和 $y$ 轴的比例和坐标的起点，使图线比较适中地呈现在图纸上，不偏于一角或一边，并能明显地反映图线的变化特点和趋势．横轴和纵轴的标度可以不同，坐标轴的起始点也不一定都从零值开始，可以取比数据最小值再小一些的整数开始标值．坐标分度应便于读取，通常每格代表 1、2、5，而不选用 3、6、7、9．

4. 坐标轴上应标明所代表的物理量、单位和标度，并写出图名．

5. 在图上一般用"+"标出数据点的位置，"+"要用细笔清楚地画出，使与实验数据对应的坐标准确地落在"+"的交点上．如一张图上要画几条曲线时，每条曲线可用不同的标记，如"×"、"○"、"△"、"□"等．

6. 连接线段时要用透明直尺或曲线板进行，根据数据点分布的变化趋势作出穿过数据点分布区域的平滑曲线．曲线不一定要通过所有的数据点，而是让数据点大致均匀地分布在所画曲线的两侧，并且尽量靠近曲线．如欲将图线延伸到测量数据的范围之外，则应依其趋势用虚线来表示．

在实验中还常常遇到一种曲线，称为**校正曲线**．例如用精度级别高的电表校准精度级别低的电表所作的曲线．**作校正曲线时，相邻数据点一律用直线连接，成为一个折线图，不能连成光滑曲线**．

### 三、图解法

根据已经作好的图线，应用解析的方法，求出对应的函数和有关参量，这种方法称为**图解法**．当实验图线是直线时，采用此法就更为方便．

1. 求直线的斜率和截距

在实验数据范围内，在尽量靠近直线的两端处任取两点 $P_1(x_1, y_1)$ 和 $P_2(x_2, y_2)$，其 $x$ 的坐标最好为整数，并注意不要取原始实验数据点．用与实验数据点不同的符号将它们标示出来，并在旁边注明其坐标读数，如图 2-4 所示．

设图线的直线方程为

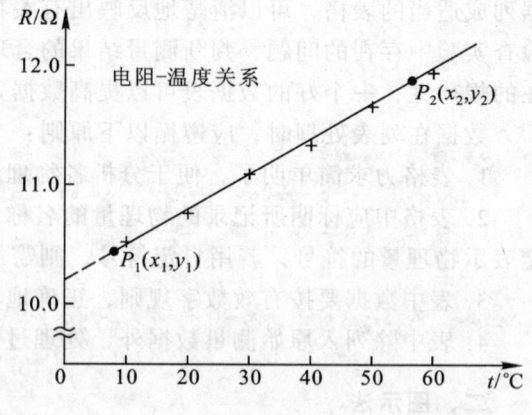

图 2-4　求直线的斜率和截距示意图

$$y = kx + b$$

将 $P_1(x_1, y_1)$ 和 $P_2(x_2, y_2)$ 两点的坐标代入上式，有

$$y_1 = kx_1 + b$$
$$y_2 = kx_2 + b$$

从上列方程组中可求得

$$k = \frac{y_2 - y_1}{x_2 - x_1}$$

$$b = \frac{x_2 y_1 - x_1 y_2}{x_2 - x_1}$$

由此可见，根据上面两式，即可求出直线的斜率 $k$ 和截距 $b$ 的值。如果 $x$ 轴的起点为零，则据 $x = 0$，$y = b$ 可直接从图线上读取截距 $b$ 的值。

2. 曲线改直

由于直线比较容易精确地绘制，因此当实验图线不是直线时，可以通过坐标变换，设法将某些曲线图形变为直线图形。这种把曲线变换成直线来处理的方法称为**曲线改直**。下面举几个具体例子来加以说明：

(1) $y = ax^b$，式中 $a$、$b$ 均为常数。

将上式两边取常用对数，可得

$$\lg y = b \lg x + \lg a$$

如果以 $\lg x$ 为横坐标，$\lg y$ 为纵坐标作图，即可得一直线。其中斜率为 $b$，截距为 $\lg a$。

(2) $y = a e^{bx}$，式中 $a$、$b$ 均为常数。

将上式两边取自然对数，可得

$$\ln y = bx + \ln a$$

以 $x$ 为横坐标，$\ln y$ 为纵坐标作图，即可得一直线。其中斜率为 $b$，截距为 $\ln a$。

(3) $y = \dfrac{x}{a + bx}$，式中 $a$、$b$ 均为常数。

将上式两边取倒数，可得

$$\frac{1}{y} = \frac{a}{x} + b$$

以 $\dfrac{1}{x}$ 为横坐标，$\dfrac{1}{y}$ 为纵坐标作图，即可得一直线。其中斜率为 $a$，截距为 $b$。

### 四、逐差法

逐差法是物理实验处理数据时常用的一种方法。由误差理论知道算术平均值最接近于真值，因此在实验中应尽量地实现多次测量。但在一些实验中，如简单地取各次测量的平均值，并不能达到好的效果。例如为了测量弹簧的劲度系数 $k$，将弹簧挂在装有竖直标尺的支架上。先记下弹簧端点在标尺上的读数 $x_0$，然后依次加上 10 N，20 N，$\cdots$，70 N 的力，则可读得七个标尺读数，它们分别为 $x_1, x_2, \cdots, x_7$，其相应的弹簧长度变化量为 $\Delta x_1 = x_1 - x_0$，$\Delta x_2 = x_2 - x_1$，$\cdots$，$\Delta x_7 = x_7 - x_6$。根据平均值的定义

$$\overline{\Delta x} = \frac{(x_1 - x_0) + (x_2 - x_1) + \cdots + (x_7 - x_6)}{7}$$

$$= \frac{x_7 - x_0}{7}$$

在上式中，中间数值全部抵消，未能起到平均的作用，只用了始末两次的测量值，与力 $F$ 一次增加 70 N 的单次测量等价．由此可见，不能用此办法进行平均值的处理．

为了保持多次测量的优越性，通常把数据分成两组，一组是 $x_0$、$x_1$、$x_2$、$x_3$；另一组是 $x_4$、$x_5$、$x_6$、$x_7$．取相应的差值 $\Delta x_1 = x_4 - x_0$，$\Delta x_2 = x_5 - x_1$，$\Delta x_3 = x_6 - x_2$，$\Delta x_4 = x_7 - x_3$，则平均值为

$$\overline{\Delta x} = \frac{\Delta x_1 + \Delta x_2 + \Delta x_3 + \Delta x_4}{4}$$

$$= \frac{(x_4 - x_0) + (x_5 - x_1) + (x_6 - x_2) + (x_7 - x_3)}{4}$$

这种方法称为**逐差法**．在逐差法中每个数据在平均值内部都起了作用．应当指出，上式中 $\overline{\Delta x}$ 是力 $F$ 增加 40 N 时，弹簧长度的平均变化量．把 $F = 40$ N 和 $\overline{\Delta x}$ 的值代入公式 $k = \frac{F}{\overline{\Delta x}}$，即可求出弹簧的劲度系数．由上可见，采用逐差法能保持多次测量的优越性．

## 习　　题

1. 某物体质量的测量值为 32.125 g，32.116 g，32.121 g，32.124 g，32.126 g，32.122 g．试求其算术平均值、标准偏差和平均值标准偏差．

2. 长度测量的标准偏差是 0.02 mm，问下列结果中哪些写法是正确的．

(1) $(2.460 \pm 0.02)$ mm

(2) $(2.46 \pm 0.02)$ mm

(3) $(2.50 \pm 0.02)$ mm

(4) $(2.5 \pm 0.02)$ mm

3. 计算测量结果

(1) $N = 2A - B + C$

其中

$A = (40.278 \pm 0.001)$ cm；

$B = (1.435\,5 \pm 0.000\,1)$ cm；

$C = (6.486 \pm 0.001)$ cm．

(2) $\rho = \frac{m}{\pi r^2 H}$

其中

$m = (944.496 \pm 0.001)$ g；

$r = (2.325 \pm 0.005)$ cm；

$H = (8.32 \pm 0.01)$ cm；

4. 单位变换

(1) $m = (8.956 \pm 0.001)$ kg = (_____ ± _____) g

　　　　　　　　　　　= (_____ ± _____) mg．

(2) $\rho = (13.603 \pm 0.002)\text{mg}\cdot\text{cm}^{-3} = (\underline{\qquad} \pm \underline{\qquad})\text{kg}\cdot\text{m}^{-3}$
$= (\underline{\qquad} \pm \underline{\qquad})\text{g}\cdot\text{cm}^{-3}$.

5. 按照有效数字的运算规则计算下列结果.

(1) $98.754 + 1.3$;

(2) $107.50 - 2.5$;

(3) $1\,111 \times 0.100$;

(4) $237.5 \div 0.10$;

(5) $\pi \times (42.0)^2$;

(6) $\dfrac{100.0 \times (5.6 + 4.412)}{(78.00 - 77.00) \times 10.000} + 110.0$

6. 一个铅质圆柱体,测得其直径为

$$d = (2.040 \pm 0.001)\text{cm}$$

高度为

$$h = (4.120 \pm 0.001)\text{cm}$$

质量为

$$m = (149.10 \pm 0.05)\text{g}$$

试求铅的密度 $\rho$.

7. 水的表面张力系数 $\sigma$ 和开尔文温度 $T$ 的关系为

$$\sigma = aT - b$$

式中 $a$ 和 $b$ 为常数. 通过实验测得数据如下:

| $t/℃$ | 10.0 | 20.0 | 30.0 | 40.0 | 50.0 | 60.0 |
|---|---|---|---|---|---|---|
| $\sigma/(10^3\text{N}\cdot\text{m}^{-1})$ | 74.22 | 72.75 | 71.18 | 69.91 | 67.91 | 66.18 |

(1) 画出 $\sigma - T$ 的关系曲线;

(2) 用图解法求出 $a$ 和 $b$ 的值.

8. 将下列函数变换成线性关系.

(1) $y = Ae^{-\frac{x}{\tau}}$,式中 $A$、$\tau$ 均为常数;

(2) $xy = C$,式中 $C$ 为常数;

(3) $y = \dfrac{a}{t^2} + b$,式中 $a$、$b$ 均为常数;

(4) $y = ax + bx^2$,式中 $a$、$b$ 均为常数.

# 第三章 前导实验

本章实验是做好后继实验的基础,是学好本课程的重要环节.通过这些实验,使学生掌握物理实验中常用量具和仪器的使用方法,能对一些常用的物理量(如长度、质量、时间、电流、电压、电阻等)进行一般测量;加深对误差和有效数字的基本概念的理解,并对正确处理数据进行练习;同时对学生进行基本实验方法和操作技术的初步训练.

## 实验一 物体密度的测定

[目的]
1. 掌握测定规则物体密度的一种方法.
2. 掌握游标卡尺、螺旋测微器、物理天平的使用方法.
3. 进一步理解误差和有效数字的概念,并能正确地表示测量结果.

[原理]
物体的密度 $\rho$ 等于物体的质量 $m$ 和它的体积 $V$ 之比,即

$$\rho = \frac{m}{V} \tag{3-1}$$

当待测物体形状是规则几何体时,其体积可用数学方法算出.例如待测物体是一个直径为 $d$、高为 $h$ 的圆柱体时,其体积 $V$ 为

$$V = \frac{1}{4}\pi d^2 h \tag{3-2}$$

将式(3-2)代入式(3-1),得

$$\rho = \frac{4m}{\pi d^2 h} \tag{3-3}$$

由上式可见,只要测得圆柱体的质量 $m$、直径 $d$ 和高度 $h$,就可算出圆柱体的密度 $\rho$.

[仪器]
游标卡尺,螺旋测微器,物理天平.

**一、游标卡尺**

游标卡尺简称卡尺,是一种常用的测量长度的量具,它的外形与结构如图 3-1 所示.

游标卡尺主要由主尺和可以沿主尺滑动的副尺(游标尺)组成.钳口 A、B 可用来测量物体的外部尺寸;刀口 A′、B′可用来测量管的内径和槽宽;尾尺 C 可用来测量槽和小孔的深度.

主尺的最小分度为 1 mm,副尺上刻有游标 E,利用游标可以把主尺上的估读数准确地测量出来.以 10 分度游标为例,主尺的最小分度为 1 mm,游标上 10 个小的等分刻度的总长度等于

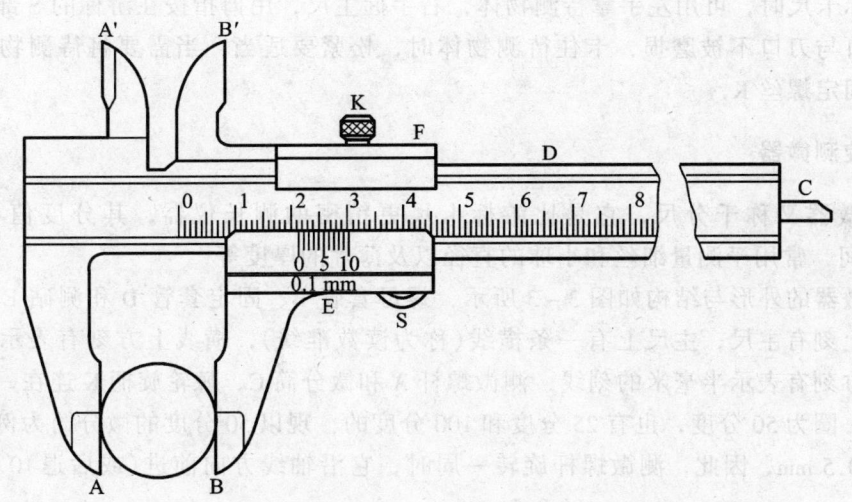

A，B—钳口；A′，B′—刀口；C—尾尺；D—主尺；
E—游标刻度；K—固定螺丝；F—副尺

图 3-1 游标卡尺

9 mm，因此游标上的每一小分度比主尺的最小分度相差 0.1 mm．当钳口 A、B 合在一起时，游标的零刻度线与主尺的零刻度线重合．若在钳口 A、B 间卡一长度为 $L$ 的物体，副尺对在主尺上的某一位置，如图 3-2 所示．物体长度 $L$ 在毫米以上的整数部分 $x$ 可以从游标"0"线所对主尺的位置直接读出；而毫米以下的部分 $\Delta x$，则可由游标读出，即找出游标上第几根刻线与主尺上刻线对得最齐．如图 3-2 所示，$x$ 等于 21 mm，游标上第六根刻线与主尺上刻线对得最齐，则从图上可见 $\Delta x$ 等于 $6 \times 0.1$ mm，物体的长度为 21.6 mm．如果游标上第 $k$ 根刻线与主尺某刻线对得最齐，则 $\Delta x$ 就是 $k \times 0.1$ mm，则物体的长度为

$$L = (x + k \times 0.1) \text{ mm}$$

对于一般情况，若游标上有 $n$ 个分格，它的总长度与主尺上 $(n-1)$ 个最小分格的总长度相等，则每一游标分度的长度 $b$ 为

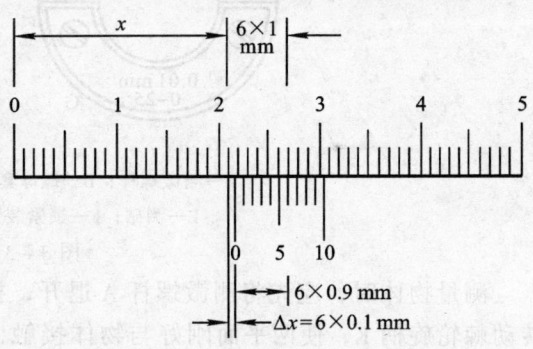

图 3-2 游标卡尺的读数

$$b = \frac{(n-1)a}{n}$$

式中 $a$ 为主尺最小分度的长度，主尺的最小分度与游标分度的长度差为

$$a - b = a - \frac{(n-1)a}{n} = \frac{a}{n}$$

式中 $\frac{a}{n}$ 称为**游标卡尺的分度值**，显然，测量时，如果游标上的第 $k$ 条刻线与主尺某一刻线对齐，则

$$\Delta x = k \frac{a}{n}$$

使用游标卡尺时,可用左手拿待测物体,右手握主尺,用拇指按在游标的 S 部分推拉. 要注意保护钳口与刀口不被磨损. 卡住待测物体时,松紧要适当. 当需要将待测物体取下读数时,要旋紧固定螺丝 K.

### 二、螺旋测微器

螺旋测微器又称千分尺,它是比游标卡尺更精密的测长仪器,其分度值可在 0.01 ~ 0.001 mm 之间. 常用于测量细丝和小球的直径以及薄片的厚度等.

螺旋测微器的外形与结构如图 3-3 所示. 螺母套管 B、固定套管 D 和测砧 E 都固定在尺架 G 上. D 上刻有主尺,主尺上有一条横线(称为读数准线),横线上方刻有表示毫米数的刻线,横线下方刻有表示半毫米的刻线. 测微螺杆 A 和微分筒 C、棘轮旋柄 K 连在一起. 微分筒的刻度通常一圈为 50 分度,也有 25 分度和 100 分度的. 现以 50 分度的微分筒为例,其测微螺杆的螺距为 0.5 mm,因此,测微螺杆旋转一周时,它沿轴线方向前进(或后退)0.5 mm,而每旋转一格时,它沿轴线前进(或后退)$\frac{0.5}{50} = 0.01$ mm. 由此可见,该螺旋测微器的最小刻度为 0.01 mm,该值称为这种螺旋测微器的分度值.

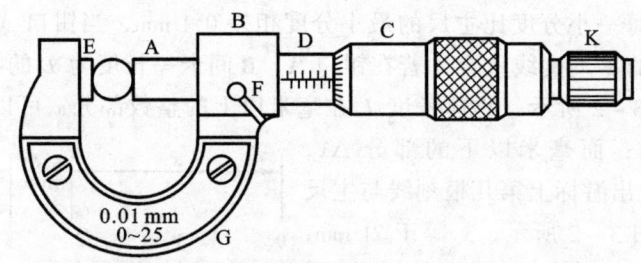

A—测微螺杆;B—螺母套管;C—微分筒;D—固定套管;
E—测砧;F—锁紧装置;G—尺架;K—棘轮旋柄
图 3-3 螺旋测微器

测量物体时,应先将测微螺杆 A 退开,把待测物体放在 E、A 的两测量面之间,然后轻轻转动棘轮旋柄 K,使两平面刚好与物体接触. 读数时,从主尺上读取 0.5 mm 以上的部分,从微分筒上读取余下尾数部分(估计到最小分度的十分之一,即 $\frac{1}{1000}$ mm),然后两者相加. 例如图 3-4(a)中读数为 5.160 mm;图 3-4(b)中读数为 5.660 mm.

使用螺旋测微器应注意以下几点:

1. 检查零点读数,并对测量数据作零点修正. 先使测微螺杆与测砧刚好接触,检查微分筒"0"线与读数准线是否重合. 如果不重合,两者之差称为**零点读数**. 应注意零点读数的正负,以便对测量数据进行零点修正.

2. 检查零点读数和测长时,切忌直接转动测微螺杆和微分筒,以免过分压紧而损坏螺

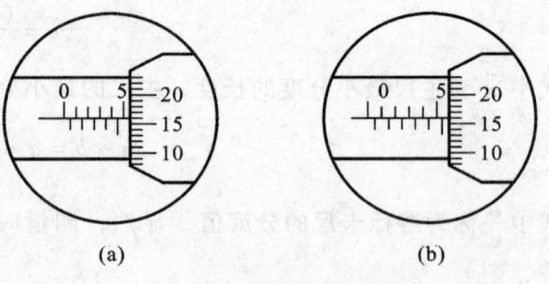

图 3-4 螺旋测微器的读数

纹．应轻轻转动棘轮旋柄，待发出"咔、咔"声时，即可进行读数．

3．测量完毕，应使测砧和测微螺杆间留出一点间隙，以免因热膨胀而损坏螺纹．

### 三、物理天平

天平是一种等臂杠杆，用来称衡物体的质量．物理天平的外形与结构如图 3-5 所示．它的主要技术指标有：

1．**最大称量** 是指允许称衡的最大质量．

2．**分度值** 是指天平平衡时，使指针 C 产生一小格的偏转在一端需加（或减）的最小质量．分度值的倒数称为**灵敏度**．分度值越小，天平的灵敏度越高．

物理天平的操作步骤如下：

1．**安装** 从盒中取出横梁后，辨别横梁左边和右边的标记，通常左边标有"1"，右边标有"2"，挂钩和秤盘上也标有 1、2 字样．安装时，左右分清，不可弄错，要轻拿轻放，避免刀口受冲击．

2．**水平调节** 调节底脚螺丝 F 和 F′，使水准泡居中，以保证支柱 B 铅直．有些天平是采用铅垂线和底柱准尖对齐来调节水平的．

3．**零点调节** 先把游码 D 拨到刻度"0"处，顺时针旋转制动旋钮 G，支起横梁．观察指针摆动，当指针指"0"或在标尺的"0"点左右作等幅摆动时，天平即平衡了．如不平衡，调节平衡螺母 E 或 E′，使之平衡．

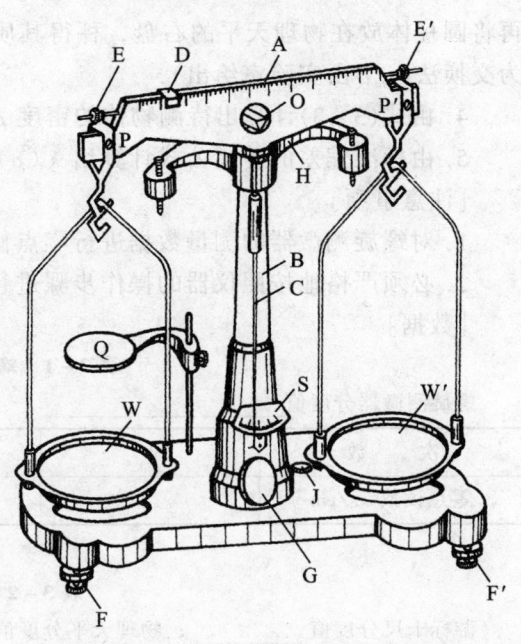

A—横梁；B—支柱；C—指针；D—游码；
E，E′—平衡螺母；F，F′—底脚螺丝；H—制动架；
G—制动旋钮；J—水准泡；O，P，P′—刀口；
S—刻度尺；Q—托盘；W，W′—秤盘

图 3-5 物理天平

4．**称衡** 将待测物体放在左边盘内，砝码加在右边盘内，横梁上的游码用于 1 g 以下的称衡．当天平平衡时，待测物体的质量就等于砝码的质量与游码所指值（包括估读的一位数字）之和．

5．每次称衡完毕，应将制动旋钮逆时针旋转，放下横梁，再记砝码和游码的读数．

使用天平应注意以下几点：

1．不允许用天平称衡超过该天平最大称量的物体．

2．注意保护好刀口．在调节平衡螺母、取放物体、加减砝码、移动游码及不用天平时，必须放下横梁，制动天平．只有判断天平是否平衡时才支起横梁．天平使用完毕，应将秤盘摘离刀口．

3．砝码应用镊子取放，请勿用手，用完随即放回砝码盒内．不同精度级别的天平配用不同等级的砝码，不能混淆．

[步骤]

1．记下游标卡尺的分度值．用游标卡尺测圆柱体不同部位的高 $h$ 6 次．

2．记下螺旋测微器的分度值．测量其零点读数 3 次，并求出平均值．用螺旋测微器测圆柱体不同部位的直径 $d$ 6 次.

3. 记下物理天平的最大称量和分度值. 将圆柱体放在物理天平的左盘, 称得其质量 $m_1$; 再将圆柱体放在物理天平的右盘, 秤得其质量 $m_2$; 则圆柱体的质量 $m = \sqrt{m_1 m_2}$, 此种方法称为交换法($s_{m仪}$由实验室给出).

4. 由式(3-3)计算出待测物体的密度 $\bar{\rho}$.

5. 由标准偏差的传递公式计算出 $s(\rho)$, 写出测量结果.

[注意事项]

1. 对螺旋测微器的测量数据进行零点修正时, 应注意零点读数的正负, 不要弄错.
2. 必须严格地按照仪器的操作步骤进行测量, 遵守仪器使用的注意事项.

[数据]

表 3-1 螺旋测微器的零点读数

螺旋测微器分度值_____.

| 次 数 | 1 | 2 | 3 | 平 均 |
|---|---|---|---|---|
| 零点读数 $x_0$/cm | | | | |

表 3-2 物体密度的测定

游标卡尺分度值_____; 物理天平分度值_____; 物理天平最大称量_____.

| 次 数 | $h$/cm | $d$/cm | | $m$/g |
| | | 测 量 值 | 修 正 值 | |
|---|---|---|---|---|
| 1 | | | | |
| 2 | | | | $m_1$/g |
| 3 | | | | |
| 4 | | | | |
| 5 | | | | $m_2$/g |
| 6 | | | | |
| 平 均 | | | | |

$s(h) = $_____cm;

$s(d) = $_____cm;

$s_{m仪} = $_____g;

$\bar{\rho} = \dfrac{4m}{\pi \bar{d}^2 \bar{h}} = $_____kg·m$^{-3}$;

$\dfrac{s(\rho)}{\bar{\rho}} = \sqrt{\left(\dfrac{s_{m仪}}{m}\right)^2 + \left[\dfrac{2s(d)}{\bar{d}}\right]^2 + \left[\dfrac{s(h)}{\bar{h}}\right]^2} = $_____;

$s(\rho) = $_____kg·m$^{-3}$;

$\rho = \bar{\rho} \pm s(\rho) = $_____kg·m$^{-3}$.

[讨论]

1. 为何测量圆柱体高度时用游标卡尺，而测量它的直径时用螺旋测微器？
2. 证明交换法中，待测物体质量 $\overline{m} = \sqrt{m_1 m_2}$. 为什么交换法能消除天平两臂不等长引起的系统误差？
3. 为什么圆柱体的高度和直径的标准偏差用 $s(h)$ 和 $s(d)$ 而不用 $s(\overline{h})$ 和 $s(\overline{d})$？

## 实验二　气轨上测滑块的速度和加速度

[目的]

1. 掌握气垫导轨上测滑块的速度和加速度的一种方法.
2. 学习使用气垫导轨和数字毫秒计.

[原理]

物体作直线运动时，如果在某时刻 $t \sim t + \Delta t$ 的时间间隔内，通过的位移为 $\Delta x$，则物体在该 $\Delta t$ 的时间间隔内的平均速度 $\overline{v}$ 为

$$\overline{v} = \frac{\Delta x}{\Delta t}$$

该时刻 $t$ 的瞬时速度 $v$ 为

$$v = \lim_{\Delta t \to 0} \frac{\Delta x}{\Delta t}$$

显然，$\Delta t$ 越小，$\overline{v}$ 就越接近于瞬时速度 $v$. 在实验中要测量物体在某时刻（或某位置）的瞬时速度是无法实现的，通常是选取较小的 $\Delta x$，以保证 $\Delta t$ 很小，在一定的误差范围内用平均速度代替瞬时速度.

如图 3-6 所示，物体由静止出发沿斜面作下滑运动，在摩擦阻力忽略不计的情况下，物体作匀加速直线运动. 则有

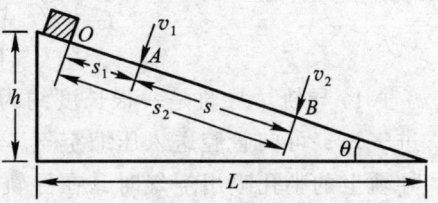

图 3-6　测滑块加速度原理图

$$v_1^2 = 2as_1$$
$$v_2^2 = 2as_2$$

式中 $a$ 为物体的加速度；$v_1$ 和 $v_2$ 分别为物体在 $A$ 点和 $B$ 点的速度；$s_1$ 和 $s_2$ 分别为 $OA$ 间和 $OB$ 间的距离. 两式相减，得

$$v_2^2 - v_1^2 = 2as$$

或

$$a = \frac{v_2^2 - v_1^2}{2s} \tag{3-4}$$

由上式可见，只要测量出物体在 $A$ 点和 $B$ 点的速度 $v_1$ 和 $v_2$ 及 $A$、$B$ 间的距离 $s$，就可以算出物体的加速度 $a$.

此外，根据牛顿第二定律可得

$$a = g\sin\theta$$

当 θ 很小时，有 $\sin\theta \approx \tan\theta = \dfrac{h}{L}$，则

$$a = g\dfrac{h}{L} \tag{3-5}$$

由上式可见，在已知本地区重力加速度 $g$ 的情况下，只要测量出 $h$ 和 $L$，就可以算出物体加速度 $a$ 的理论值.

[仪器]

气垫导轨，滑块，垫块，遮光片，光电门，数字毫秒计，气源，螺旋测微器，游标卡尺，米尺.

### 一、气垫导轨

气垫导轨简称气轨，是一种力学实验装置. 它的结构如图 3-7 所示.

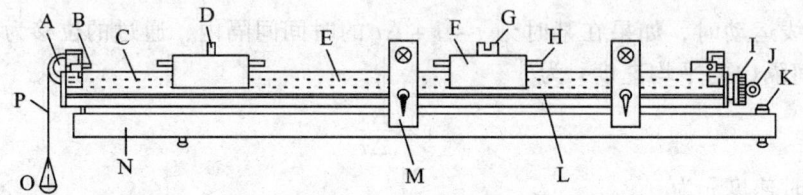

A—滑轮；B—缓冲弹簧；C—导轨；D—条形遮光片；E—气孔；F—滑块；
G—开槽遮光片；H—缓冲弹簧；I—进气管接口；J—三通进气管；K—单脚底脚螺丝；
L—标尺；M—光电门；N—支承梁；O—砝码；P—尼龙带

图 3-7 气垫导轨实验装置图

1. 导轨  导轨是一根长度约为 1.5 m 平直的铝管，截面呈三角形. 一端封死，另一端装有进气口，可向管腔送入压缩空气. 在铝管相邻的两个侧面上，钻有两排等距离的喷气小孔，当导轨上的小孔喷出空气时，在导轨表面与滑块之间形成一层很薄的"气垫"，滑块就浮起，它将在导轨上作近似无摩擦的运动.

2. 滑块  滑块由长约 20 cm 的角铝制成，其内表面和导轨的两个侧面均经过精密加工而严密吻合. 根据实验需要，滑块两端可加装缓冲弹簧、尼龙搭扣（或橡皮泥），滑块上面可加装不同宽窄的遮光片.

3. 光电门  它主要由小灯泡（或红外线发射管）和光电二极管组成，可在导轨上任意位置固定. 它是利用光电二极管受光照和不受光照时的电压变化，产生电脉冲来控制计时器"计"和"停". 光电门在导轨上的位置由它的定位标志指示.

### 二、数字毫秒计

数字毫秒计系光电式数字计时仪表，是一种比较精确的测时仪器，其分度值可达 0.1 ms，最大量程为 99.99 s. 它是利用石英晶体振荡器及分频电路作为时间基准来进行计时的，时间间隔直接用数码管显示出来.

数字毫秒计面板图如图 3-8 所示. 使用方法如下：

1. 电源开关  扳向"开"表示电源接通，电源指示灯及各数码管全部点亮.

2. 控制选择开关 分"机控"和"光控"两挡．各有对应的机控插座和光控插座．

将选择开关置于"机控"挡，机控插头插入机控插座．当插头的两引出线接通时，毫秒计开始计数，断开时停止计数，所计时间是插头两引出线接通时间的长短．

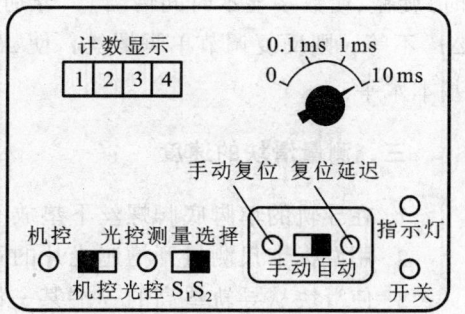

将选择开关置于"光控"挡，与光电门相连的光控插头插入光控插座．由光电门上的遮光信号控制"计数"和"停止"．

3. 光控方式选择开关 分"$S_1$"和"$S_2$"两挡．

将选择开关置于"$S_1$"，毫秒计显示的是光电门的遮光时间．当与毫秒计连接的两个光电门中任何一只光电二极管被遮光时开始计时，遮光结束便停止计时．

图 3-8 数字毫秒计面板图

将选择开关置于"$S_2$"，毫秒计显示的是两次相邻的遮光动作之间的时间．当两光电门中任一个被遮光时，开始计时，再遮挡两光电门中无论哪一只时，立即停止计时．

4. 时基选择开关 分"0.1 ms"、"1 ms"、"10 ms"三挡，可根据测量需要选用．如显示数字 1234，选择开关置于"0.1 ms"挡时，读作 123.4 ms，其余类推．

5. 复位选择开关 分"手动"复位和"自动"复位两挡．它与"手动复位"按钮和"复位延时"旋钮配合使用．

6. 手动复位按钮 当复位选择开关置于"手动"时，不按此按钮，各次测量所得的时间累加，数码管显示累加值；按下手动复位按钮，数码管计数清除，全部显示"0"．

7. 复位延时旋钮 当复位选择开关置于"自动"时，调节复位延时旋钮，可控制数字显示时间，方便实验者读数和记录．延时时间为 0～3 s．

[步骤]

一、检查数字毫秒计的工作情况

1. 先弄清数字毫秒计面板上各开关、旋钮、按钮和插座的用途，正确接好数字毫秒计和光电门之间的连线．

2. 打开仪器电源开关，电源指示灯和数码管应全部点亮．将控制选择开关置于"光控"；光控方式选择开关置于"$S_2$"；复位选择开关置于"手动"挡．

3. 用手指遮挡任意一只光电二极管，计数器开始不断计数，再遮挡一下，计数停止．

4. 按下"手动复位"按钮，显示数字复零，表示仪器工作正常．

二、调节气垫导轨水平

1. 粗调 调节导轨下的三只底脚螺丝，使导轨大致水平．

2. 静态调平 将滑块放在导轨上(切忌来回擦动)，接通气源，这时滑块在导轨上自由运动，调节导轨的单脚底脚螺丝，使滑块基本静止．

3. 动态调平 将两个光电门架在导轨上，相距 60 cm 左右．在滑块上安放开槽遮光片(图 3-9)，接通数字毫秒计电源，将光控方

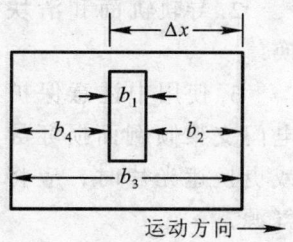

图 3-9 开槽遮光片

· 27 ·

式选择开关置于"$S_2$"挡,复位选择开关置于"自动"挡. 轻轻推动滑块(注意调节"复位延时"旋钮,使数字显示时间恰当),分别读出遮光片通过两个光电门的时间 $\Delta t_1$ 和 $\Delta t_2$,若 $\Delta t_1$ 和 $\Delta t_2$ 不等,则反复调节单脚螺丝,使 $\Delta t_1$ 和 $\Delta t_2$ 相差不超过千分之几秒,此时可认为气垫导轨基本水平.

### 三、测量滑块的速度

1. 在导轨的单脚底脚螺丝下垫放一厚度约为 1 cm 的垫块,如图 3-6 所示.
2. 用游标卡尺测量开槽遮光片的宽度,如图 3-9 所示. $\Delta x = b_1 + b_2$(或 $\Delta x = b_3 - b_4$).
3. 使滑块从导轨垫高的一端某一固定位置由静止开始下滑,记下遮光片通过第二光电门的时间 $\Delta t_2$,重复五次,求出 $\overline{\Delta t_2}$,算出 $\overline{v}_2$.
4. 换用不同宽度的开槽遮光片,重复步骤 2、3,再做一次. 将数据填入表 3-3 中.

### 四、测量滑块的加速度

1. 用米尺测量两光电门之间的距离 $s$.
2. 使滑块从导轨垫高端滑下,分别记下遮光片经过两光电门的时间 $\Delta t_1$ 和 $\Delta t_2$,计算 $v_1$、$v_2$ 和 $a$.
3. 重复上述步骤 2 测量 5 次,将数据填入表 3-4 中,并计算出 $\bar{a}$.
4. 按图 3-10 方法用米尺测量单脚底脚螺丝到另外两个底脚螺丝连线间的距离 $L$,用螺旋测微器测量垫块的厚度 $h$,并由实验室给出本地区重力加速度的公认值.

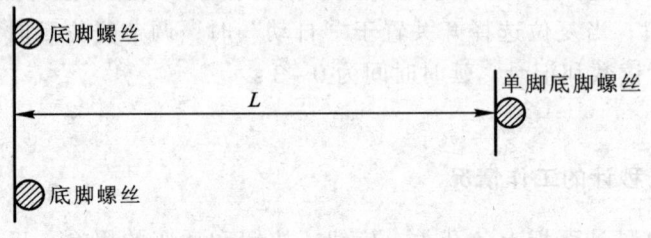

图 3-10  $L$ 的测量

5. 按式(3-5)计算滑块下滑加速度的理论值 $a_0$,估算相对误差.

[注意事项]

1. 导轨使用前,需用丝绸醮酒精将导轨表面和滑块内表面清洗干净,防止小孔堵塞.
2. 导轨轨面和滑块内表面均经过精细研磨加工,高度吻合,配套使用,不得任意更换.
3. 使用中注意保护好导轨轨面和滑块内表面,防止划伤. 安放光电门时,应防止光电门支架倾倒而损坏导轨脊梁. 导轨未通气时,不得将滑块放在导轨上来回滑动. 调整或更换遮光片时,应将滑块从导轨上取下. 实验完毕,先将滑块从导轨上取下,再关闭气源.

[数据]

**表 3-3　测量滑块的速度**

| 次数 | $\Delta x$/mm | $\Delta t_2$/s | | | | | $\overline{\Delta t_2}$/s | $\bar{v}_2$/(m·s$^{-1}$) |
| --- | --- | --- | --- | --- | --- | --- | --- | --- |
| | | 1 | 2 | 3 | 4 | 5 | | |
| 1 | | | | | | | | |
| 2 | | | | | | | | |

**表 3-4　测量滑块的加速度**

$L =$ _____ cm;　　$h =$ _____ mm.

| $s$/cm | $\Delta x$/mm | $\Delta t_1$/s | $\Delta t_2$/s | $v_1$/(m·s$^{-1}$) | $v_2$/(m·s$^{-1}$) | $a$/(m·s$^{-2}$) |
| --- | --- | --- | --- | --- | --- | --- |
| | | | | | | |
| | | | | | | |
| | | | | | | |
| | | | | | | |
| | | | | | | |

$\bar{a} =$ _____ m·s$^{-2}$;

$g =$ _____ m·s$^{-2}$;

$a_0 =$ _____ m·s$^{-2}$;

$E_r = \dfrac{\bar{a} - a_0}{a_0} \times 100\% =$ _____.

[讨论]

1. 分析本实验中有哪些因素会引进系统误差？

2. 测量滑块的速度的实验中，为什么每次要求滑块必须由静止且固定在某点自由下滑？若加一外力，将会产生什么影响？为什么测加速度又无此要求呢？

3. 试提出利用本实验的设备装置测量重力加速度的实验方案．

# 实验三　测绘线性电阻和非线性电阻的伏安特性曲线

[目的]

1. 熟悉电学常用仪器的基本技术指标，掌握其使用方法．
2. 训练用回路接线法看图接线．
3. 学习测绘线性电阻和非线性电阻的伏安特性曲线．

[仪器]

直流电压表，直流电流表，滑线变阻器，电阻箱，直流稳压电源，开关．

## 一、直流电压表

直流电压表是由表头和一高电阻串联而成，用于测量电路中两点间电压的大小．它的主要技术指标有：

1. 量程　即指针偏转满刻度时的电压值．直流电压表分伏特表、毫伏表等，一般为多量程的．

2. 内阻　即电表两端间的电阻．同一电压表的不同量程，其内阻亦不同．但是，由于各量程的每伏欧姆数都相同，所以电压表的内阻一般用 Ω/V 统一表示．各量程的内阻可用下式计算

$$内阻 = 量程 \times 每伏欧姆数$$

## 二、直流电流表

直流电流表是由表头和一低电阻并联而成．用于测量电路中电流的大小．它的主要技术指标有：

1. 量程　即指针偏转满刻度时的电流值．直流电流表分安培表、毫安表、微安表等，一般为多量程的．

2. 内阻　一般安培表内阻都在 0.1 Ω 以下，毫安表、微安表的内阻可达几百欧姆到几千欧姆．

使用电表时应注意以下几点：

1. 零点调整　测量前，先检查电表指针是否指零．如不指零，用改锥细心地调节零点调整螺丝，使指针指零．

2. 选择量程　根据待测电流（或电压）的大小，选择合适量程的电流表（或电压表）进行测量．如果选择的量程小于电路中的电流（或电压）值，会使电表损坏；如果选择量程太大的表，指针偏转角度太小，读数就不准确．若测量值的范围不知，应先选用大量程的表试测，再根据试测值，选用合适的量程，尽量使指针指示在满量程的三分之二以上．

3. 电表的连接　电流表必须串联在待测电路中；电压表必须与被测电压的两端并联．

4. 电表的极性　直流电压表和电流表在接线时必须让电流从表的"+"极流入，从"-"极流出，切不可把极性接错，以免损坏指针．

5. 电表的安放　应按电表表面符号正确安放电表．如符号 Π，表示应水平安放，否则电表指示值不准确．

6. 避免读数视差　读数时，必须使视线垂直于刻度表面．精密的电表刻度尺下方装有平面镜，当指针在镜中的象与指针重合时，所对准的刻度才是电表的准确读数．

7. 正确读数　设电表的量程为 $I_m$（或 $V_m$），电表的准确度等级为 $K$，则用该表进行测量时的可能引起的最大误差 $\Delta I_m$（或 $\Delta V_m$）按下式计算

$$\Delta I_m = I_m \times \frac{K}{100}$$

或

$$\Delta V_m = V_m \times \frac{K}{100}$$

读数时，应读到有误差的一位上．例如 0.5 级量程为 150 mA 的电流表，其 $\Delta I_m = 150 \times \frac{0.5}{100}$ mA $= 0.75$ mA $= 0.8$ mA，则用此量程测量电流时，读数应读到小数点后一位．

### 三、滑线变阻器

滑线变阻器是用来控制电路中的电压和电流的。其构造如图 3-11(a) 所示。移动中间触点 $C$ 的位置，可改变 $AC$ 或 $BC$ 之间的电阻值。其在电路中表示为图 3-11(b)。它的主要技术指标有：

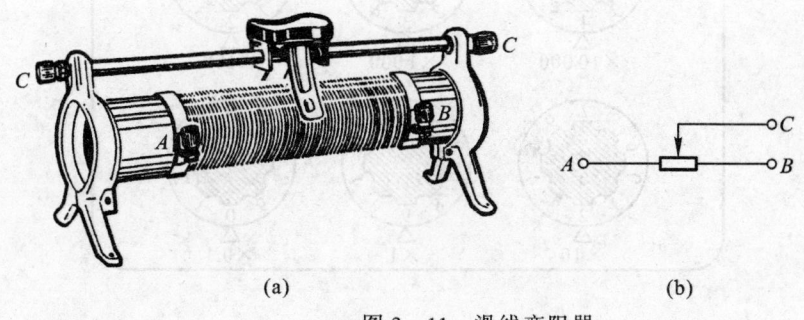

图 3-11 滑线变阻器

1. **全电阻** 即 $AB$ 之间的电阻。
2. **额定电流** 即变阻器允许通过的最大电流。使用时不得超过该值。

滑线变阻器有两种用法：

1. **限流电路** 如图 3-12 所示，当滑动 $C$ 时，整个回路的电阻改变了，因此回路中电流也改变，所以它能控制电路中电流的大小。该电路称为**限流电路**。

2. **分压电路** 如图 3-13 所示，接通电源后，$U_{AB} = U_{AC} + U_{CB}$。加在负载电阻 $R_L$ 上的输出电压 $U_{CB}$ 取自 $U_{AB}$ 的一部分，随着触点 $C$ 的位置变化，$U_{CB}$ 大小可调。该电路称为**分压电路**。

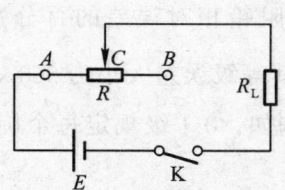

图 3-12 滑线变阻器的限流电路

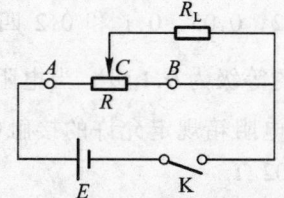

图 3-13 滑线变阻器的分压电路

### 四、电阻箱

旋转式电阻箱面板图如图 3-14 所示。它是由电阻温度系数较小的锰铜丝绕制的标准电阻串联而成。旋转电阻箱上的旋钮，可以得到不同的电阻值。例如图 3-14 各旋钮所处位置表示的总电阻为 $4 \times 10\,000 + 3 \times 1\,000 + 2 \times 100 + 2 \times 10 + 9 \times 1 + 0 \times 0.1 = 43\,229.0\,(\Omega)$。上部有四个接线柱，＊与 $0.9\,\Omega$ 两接线之间的电阻值调节范围为 $0 \sim 0.9\,\Omega$；＊与 $9.9\,\Omega$ 两接线柱间的电阻值调节范围为 $0 \sim 9.9\,\Omega$；余者类推。在使用时，如果只需要在 $0 \sim 9.9\,\Omega$ 范围内改变阻值，则应选用＊与 $9.9\,\Omega$ 接线柱。这样做，可以避免在电阻箱其余部分的接触电阻和导线电阻给低电阻带来的误差影响。电阻箱的技术指标有：

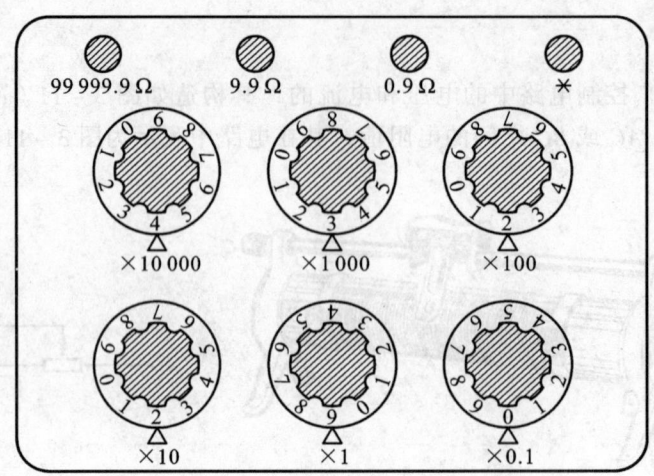

图 3-14 旋转式电阻箱面板图

1．**总电阻** 即最大电阻值．如图 3-14 所示电阻箱的总电阻为 99 999.9 Ω．

2．**额定功率(或额定电流)** 指电阻箱中每只电阻的功率额定值(或允许通过的最大电流)．使用中为了确保示值的准确性和仪器的安全，不得超过其额定功率(或额定电流)．若将一电阻箱的几挡联用，额定电流应取各挡额定电流中的最小值．电阻箱的铭牌上均标出了各挡的额定电流值．实验过程中若需要改变电阻值时，注意不要使电阻箱电阻值变为零，以免损坏电路中其它仪表．例如将 900 Ω 改变为 1 000 Ω，应先将 ×1 000 的旋钮转到"1"位置，再将 ×100 的旋钮转到"0"位置．

3．**电阻箱的准确度等级** 电阻箱根据电阻示值相对极限误差的大小分为若干个准确度等级．一般分为 0.02、0.05、0.1 和 0.2 四个等级，它表示电阻箱相对误差的百分数．例如：ZX—21 型电阻箱的等级为 0.1 级，当电阻示值为 360 Ω 时，其等级误差大小为 $360 \times \frac{0.1}{100} \approx 0.4$ (Ω)．不同等级的电阻箱规定允许的接触电阻标准也不同．例如，0.1 级规定每个旋钮的接触电阻不得大于 0.002 Ω．

电阻箱的仪器误差等于它的等级误差与接触误差之和．

### 五、直流稳压电源

实验室除用干电池作直流电源外，目前普遍采用晶体管直流稳压电源．这种电源稳定性高、内阻小、输出电压连续可调、使用方便．它的主要技术指标有最大输出电压、最大输出电流和额定功率．

使用电源要特别注意安全，不要接错，切忌短路，负载总功率不得超过电源额定功率，正确确定输出电压的大小，以保证所用仪器安全正常工作．

[原理]

某电学元件两端加上直流电压 $U$，在元件内就会有电流 $I$ 通过，通过元件的电流与端电压之间的关系称为**电学元件的伏安特性**．若以电压 $U$ 为横坐标，以电流 $I$ 为纵坐标，作出电流 $I$ 随电压 $U$ 变化的关系曲线，称为**元件的伏安特性曲线**．

对于碳膜电阻、线绕电阻等电学元件,在通常情况下,其伏安特性曲线是一直线,如图 3 – 15 所示.这类元件称为**线性元件**,其电阻称为**线性电阻**,它的电阻值等于该直线斜率的倒数 $\left(R = \dfrac{U}{I}\right)$.

如图 3 – 16 所示,晶体二极管有正、负两个极,正极由 P 型半导体引出,负极由 N 型半导体引出,其 PN 结具有单向导电的特性.当二极管加上正向电压,(即正极接高电势,负极接低电势),则电路中有较大电流,随着正向电压的增加,电流也增加,但电流的大小并不随电压成正比变化;当二极管接反向电压(正极接低电势,负极接高电势),则电路中电流很微弱,其电流大小也不随电压成正比变化.其伏安特性曲线如图 3 – 17 所示.伏安特性曲线为非直线的元件称为**非线性元件**,其电阻称为**非线性电阻**.

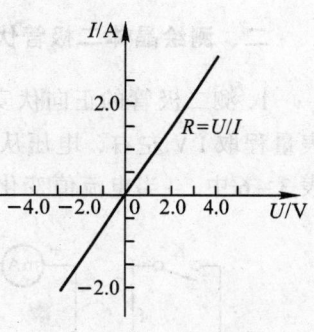

图 3 – 15 线性电阻的伏安特性

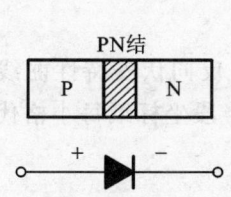

图 3 – 16 晶体二极管的 PN 结和表示符号

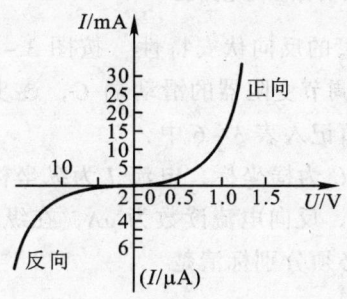

图 3 – 17 晶体二极管的伏安特性曲线

[步骤]

## 一、测绘线性电阻的伏安特性曲线

1. 按图 3 – 18 采用回路接线法接线.即按箭头所指的方向,由回路 I 的 M 点开始连线,连至 N 点,再依次连接回路 II、回路 III.电源在最后接入电路,接入电路时开关 K 呈断开状态.连线后,按回路 I、II、III 的顺序复查电路接线是否正确;电源和电表的正、负极是否接对;电表的量程是否合适;滑线变阻器的滑动端位置是否恰当(应先放在 B 处)等.再经教师检查认可后方能闭合开关 K,如一切正常,即可开始实验.

2. 调节变阻器的滑动端 C,使电压从零开始逐步增大,读出相应的电压、电流值,记入表 3 – 5 中.

3. 以电压 U 为横坐标,电流 I 为纵坐标,作出电阻的伏安特性曲线.用图解法求电阻值 $R_L$,并与其准确值 $R_{L0}$(其值由实验室给出)比较,计算相对误差.

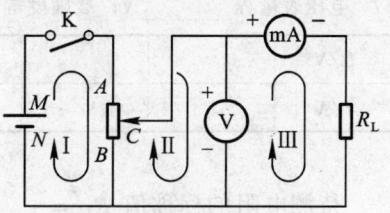

图 3 – 18 测线性电阻伏安特性的电路图

## 二、测绘晶体二极管伏安特性曲线

1．测二极管的正向伏安特性　按图 3－19 电路接线，图中 R 为二极管的限流电阻，电压表量程取 1 V 左右，电压从零缓慢地增加，每隔 0.10 V 读数一次，将相应的电压、电流值记入表 3－6 中．（当电流值变化较快时，应增加测量点．）

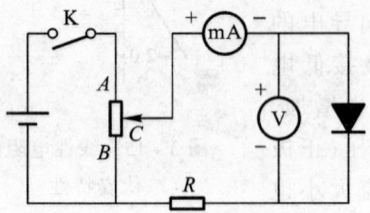

图 3－19　测晶体二极管正向
伏安特性的电路图

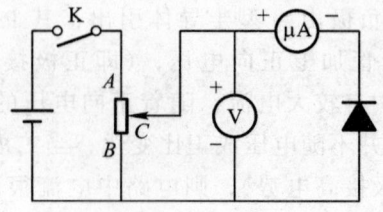

图 3－20　测晶体二极管反向
伏安特性的电路图

2．测二极管的反向伏安特性　按图 3－20 电路接线，将毫安表换成微安表，电压表取比 1 V 大的量程．调节变阻器的滑动端 C，逐步增大电压，从零开始每隔 1 V 读数一次，将相应的电压、电流值记入表 3－6 中．

3．以电压 U 为横坐标，电流 I 为纵坐标，作二极管的正、反向伏安特性曲线．由于正向电流读数为 mA，反向电流读数为 μA，在纵坐标的上半段和下半段坐标纸每小格代表的电流值可以不同，但必须分别标清楚．

［注意事项］

1．每次连接线路时要断开电源，不要带电操作．

2．拆线时应先切断电源，并拆除电源一端连线后，再拆其它导线，防止电源短路．

3．测量晶体二极管正向伏安特性时，毫安表读数不得超过二极管允许通过的最大正向电流值（该值由实验室给出）．

4．测量晶体二极管反向伏安特性时，加在二极管上的电压不得超过二极管允许的最大反向电压值（该值由实验室给出）．

［数据］

表 3－5　线性电阻的测量

电流表量程_____mA；准确度等级_____；内阻_____Ω．
电压表量程_____V；准确度等级_____；内阻_____Ω．

| U/V | | | | | | | |
|---|---|---|---|---|---|---|---|
| I/A | | | | | | | |

待测电阻的标称值 $R_{Lb}$ = _____Ω；

待测电阻的准确值 $R_{L0}$ = _____Ω；

$R_L$ = _____Ω；

$$E_r = \frac{R_L - R_{L0}}{R_{L0}} \times 100\% = \underline{\qquad}.$$

**表 3-6　非线性电阻的测量**

毫安表量程＿＿＿＿＿mA；准确度等级＿＿＿＿＿；内阻＿＿＿＿＿Ω.
电压表量程＿＿＿＿＿V；准确度等级＿＿＿＿＿；内阻＿＿＿＿＿Ω.

正 向 特 性

| U/V |  |  |  |  |  |  |  |  |
|---|---|---|---|---|---|---|---|---|
| I/mA |  |  |  |  |  |  |  |  |

微安表量程＿＿＿＿＿μA；准确度等级＿＿＿＿＿；内阻＿＿＿＿＿Ω.
电压表量程＿＿＿＿＿V；准确度等级＿＿＿＿＿；内阻＿＿＿＿＿Ω.

反 向 特 性

| U/V |  |  |  |  |  |  |  |  |
|---|---|---|---|---|---|---|---|---|
| I/μA |  |  |  |  |  |  |  |  |

[讨论]

1. 在图 3-19 和图 3-20 中，电流表的接入位置有何不同？为什么要采用不同接法？
2. 要安全正确地使用好电流表、电压表、电阻箱和滑线变阻器，应注意哪些问题？

# 实验四　多用电表的使用

[目的]

1. 了解多用电表的原理.
2. 学习使用多用电表测量电压、电流和电阻.
3. 学习使用多用电表检查线路故障.

[原理]

多用电表(以下简称多用表)又称万用电表. 常用来测量交、直流电压、直流电流和电阻等电学量，并且每挡具有多种量程，使用十分方便，是电路测试和元件检查的常用仪表.

多用表从结构上讲，主要由表头、转换开关和测量电路三部分组成. 同一表头配上不同电路后，可改装成各种用途的电表.

多用表测量直流电流、直流电压的工作原理见实验十三电表的改装和校正. 下面仅对多用表测量电阻的原理做一般介绍.

多用表测量电阻的原理图如图 3-21 所示. 其中虚线框内部分为欧姆表，$a$ 和 $b$ 为两表棒插口. 测量时，将待测电阻 $R_x$ 接在 $a$ 和 $b$ 之间. 在欧姆表中，$E$ 为电源(干电池)，$G$ 为表头，$R'$ 为限流电阻. 据欧姆定律，得

$$I_x = \frac{E}{R_g + R' + R_x} \tag{3-6}$$

式中 $I_x$ 为回路中的电流；$R_g$ 为表头内阻.

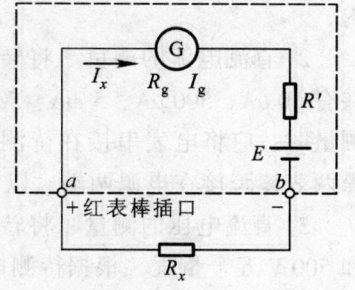

图 3-21　多用表测量电阻原理图

由上式可见，对给定的欧姆表（即 $E$、$R_g$、$R'$ 给定），电流 $I_x$ 仅由待测电阻 $R_x$ 决定，即 $I_x$ 与 $R_x$ 之间有一一对应的关系．这样，在表盘上直接刻度 $R_x$ 值，构成一欧姆表．

由式(3-6)还可见，当 $R_x = 0$ 时，回路中的电流最大．适当选取 $R'$ 的值，使其最大电流等于表头满刻度电流 $I_g$，即

$$I_g = \frac{E}{R_g + R'} \tag{3-7}$$

当 $R_x = R_g + R'$ 时，据式(3-6)和式(3-7)有

$$I_x = \frac{E}{2(R_g + R')} = \frac{I_g}{2} \tag{3-8}$$

此时表头指针恰好指在欧姆表刻度中央，此刻度值称为**中值电阻** $R_中$．显然

$$R_中 = R_g + R'$$

式(3-6)和式(3-7)可改写为

$$I_x = \frac{E}{R_中 + R_x} \tag{3-9}$$

和

$$I_g = \frac{E}{R_中} \tag{3-10}$$

由式(3-9)可见，$I_x$ 和 $R_x$ 之间不是线性关系，因此欧姆表的刻度是不均匀的．当 $R_x \ll R_中$ 时，$I_x \approx \frac{E}{R_中} = I_g$，指针偏转接近满刻度，随 $R_x$ 的变化不明显，因而测量误差很大；当 $R_x \gg R_中$ 时，$I_g$ 趋于零，此时测量误差亦很大．所以用欧姆表测量电阻时，总是尽量利用表盘中央附近的刻度来测量．

应当指出，欧姆表的刻度是按电源一定的端电压 $E$ 标定的，实际上电源的端电压并不是恰好等于 $E$，所以欧姆表中还设有"欧姆零点"旋钮，以保证刻度正确．

[仪器]

多用电表，直流稳压电源，滑线变阻器，电阻箱，电阻，开关．

多用表的型号很多，其使用方法基本相同，现以 MF-30 型多用表（见图 3-22）为例，介绍如下：

1. 使用前的准备　使用前检查指针是否指在零位．如不在零位，可用小改锥调节机械零位调整器 B，使指针指在零位上．然后将红表棒插入"+"插口内，黑表棒插入"-"插口内．

2. 直流电流的测量　将转换开关 F 旋至直流电流挡．该挡有"mA"和"μA"两个挡位，共有 50 μA、500 μA、5 mA、50 mA 和 500 mA 五个量程．根据待测电流的大小选择合适量程．测量时，应将电表串接在待测电路中，电流由"+"插口流入，"-"插口流出．切勿把红、黑两表棒跨接在电源两端，以避免电流过载而烧坏电表．

3. 直流电压的测量　将转换开关 F 旋至直流电压挡"<u>V</u>"，该挡有 1 V、5 V、25 V、100 V 和 500 V 五个量程．根据待测电压的大小选择合适量程．测量时，应将电表两表棒跨接在待测电压的两端，红表棒接高电势端，黑表棒接低电势端，保证电流由"+"插口流入，"-"插口流出．

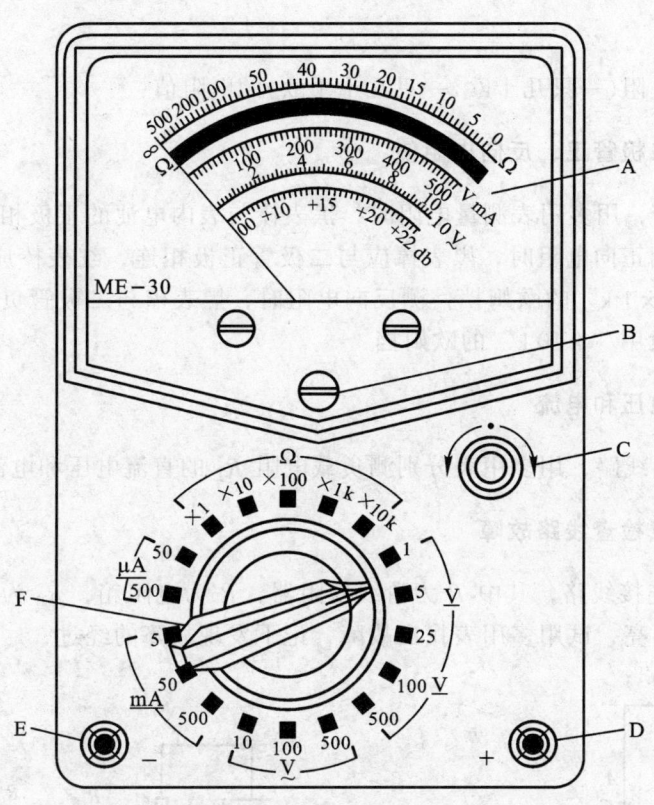

A—刻度板；B—机械零位调整器；C—欧姆零点旋钮；
D—红表棒插口；E—黑表棒插口；F—转换开关

图 3-22 MF-30 型多用电表面板图

4. **交流电压的测量** 将转换开关 F 旋至交流电压挡"$\underset{\sim}{V}$"，该挡有 10 V、100 V 和 500 V 三个量程，示值为交流电压有效值．测量方法与直流电压测量相似．

以上各项测量，当待测量大小不能预估时，应先选择最大量程位置，然后根据表针指示值大小，再选用与该测量值最接近的量程测量，使指针得到最大偏转值，以减小测量示值的绝对误差．

5. **电阻的测量** 将转换开关 F 旋至欧姆挡"Ω"，该挡有 ×1、×10、×100、×1 k 和 ×10 k 五个量程，根据待测电阻的大小选择合适的量程．测量前，先将两表棒短路，指针即向满度方向偏转，调节"欧姆零点"旋钮，使指针指在"0 Ω"上．应当指出，每更换一次量程（比率），都必须重新调节"欧姆零点"旋钮，使指针指在"0 Ω"上．然后将两表棒跨接在待测电阻的两端，将读取的欧姆乘以比率即为电阻测量值．

[步骤]

## 一、测量交流电压

用多用表测量实验室的交流电压．

## 二、测量电阻

测量两只待测电阻(一只几十欧,一只几十千欧)的电阻值.

## 三、测量晶体二极管正、反向电阻值

如图 3-21 所示,用多用表测量电阻时,黑表棒与表内电池的正极相连,黑表棒的电势高于红表棒的电势.测正向电阻时,黑表棒应与二极管正极相连,红表棒应与二极管负极相连,一般用"×100"、"×1 k"的欧姆挡.测反向电阻时,黑表棒与二极管负极相连,红表棒与二极管正极相连,一般用"×10 k"的欧姆挡.

## 四、测量直流电压和电流

按图 3-23 连接线路,用多用表分别测负载电阻 $R_L$ 的直流电压和电流.

## 五、用多用电表检查线路故障

1. 按图 3-24 连接线路,其中 $R$ 为滑线变阻器,$R'$ 为电阻箱,$R_0$ 为固定阻值的电阻.闭合开关 K,小电珠不亮,试用多用表找出故障,记下发现故障的经过.

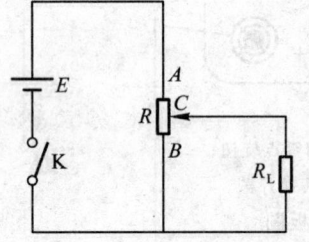
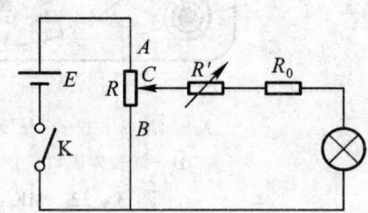

图 3-23 多用表测直流电　　　图 3-24 多用表检查线路
　　压和电流用图　　　　　　　　故障用图

2. 向实验室调换损坏的电学元件(或导线)后,再按图 3-24 连接线路.闭合开关 K,小电珠亮(故障的设置由实验室安排).
3. 调节滑线变阻器滑动头 C,观察小电珠亮度变化.
4. 调节电阻箱 $R'$ 的阻值,观察小电珠亮度变化.

[注意事项]

1. 执表棒时,手不能接触任何金属部分,以免发生触电事故.
2. 在用表棒尖接触测量点的同时,要注视表针的偏转情况,一旦表针偏转过度或反向偏转,应迅速使表棒离开测量点.**千万别拨错了测量挡位,以免烧毁表头**.
3. 不得测带电的电阻.不得测电流极小的电阻(如灵敏电流计的内阻).不得测任何电源的内阻.
4. 测量完毕,将转换开关置于交流(或直流)电压最大量程处,以保护仪表.

[数据]

实验室交流电压 $U = $ _____ V.
待测电阻标称值 $R_{1b} = $ _____ Ω；$R_{2b} = $ _____ Ω.
待测电阻测量值 $R_1 = $ _____ Ω；$R_2 = $ _____ Ω.
二极管正向电阻 $R_正 = $ _____ Ω；
二极管反向电阻 $R_反 = $ _____ Ω.
直流电压 $U_L = $ _____ V；
直流电流 $I_L = $ _____ A.

[讨论]

1. 使用多用表测量电阻时应注意哪些问题？
2. 用过多用表后，为什么要把转换开关置于电压的最高挡？为什么不能放在直流电流挡或欧姆挡？

## 实验五　用惠斯通电桥测电阻

[目的]

1. 掌握惠斯通电桥测电阻的原理.
2. 学会自己组合惠斯通电桥测电阻.
3. 初步掌握箱式惠斯通电桥的使用方法.

[原理]

惠斯通电桥是直流单臂电桥，其原理图如图 3-25 所示. 图中 $R$ 为电阻箱，$R_1$、$R_2$ 为已知阻值的标准电阻，它们和待测电阻 $R_x$ 连成一个四边形. 每一条边称为电桥的一个臂，在对角 $A$ 和 $C$ 之间接入电源 $E$. 在对角 $B$ 和 $D$ 之间用检流计 $G$ 搭桥连接，它的作用是直接比较桥的两端 $B$、$D$ 的电势. 若调节 $R$ 使 $B$ 点和 $D$ 点电势相等，则检流计 $G$ 中无电流通过，电桥达到平衡. 此时有

$$I_1 R_1 = I_2 R_2$$
$$I_1 R = I_2 R_x$$

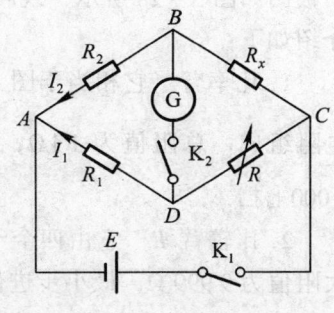

图 3-25　惠斯通电桥原理图

两式相除，得

$$R_x = \frac{R_2}{R_1} R \qquad (3-11)$$

通常称 $R_x$ 为待测臂；$R$ 为比较臂；$R_1$ 和 $R_2$ 为比率臂. 令 $C = \dfrac{R_2}{R_1}$，称为**比率**. 由上式可见，在电桥平衡时，只要知道比率 $\dfrac{R_2}{R_1}$ 和 $R$ 的阻值就可算出待测电阻 $R_x$ 的阻值.

[仪器]

电阻箱(三只)，指针式检流计，滑线变阻器，直流稳压电源，直流单臂箱式电桥，多用电表，开关.

## 一、指针式检流计

灵敏电流计又称检流计,常用于检测电路中微弱的直流电流和电压,在电桥电路中作电流示零仪.下面介绍指针式检流计,直流复射式检流计将在实验二十三灵敏电流计的使用中再阐述.

AC-5型直流指针式检流计的面板图如图3-26所示,其使用方法如下:

仪器使用前,先将表针的制动拨钮1拨向工作位置(白点),使表针可以偏转,并调节调零旋钮2,使表针停在零线上.

"电计"按钮4是检流计的开关,按下此钮,则接通.若需长时间接通检流计,可在按下此钮后再转动一下,此时按钮不再弹起.

"短路"按钮5是一个阻尼开关,使用时可待表针摆到零线附近按下此钮,然后松开,这样可使表针迅速停止摆动.

检流计用毕,应将制动拨钮1拨向锁定位置(红点).

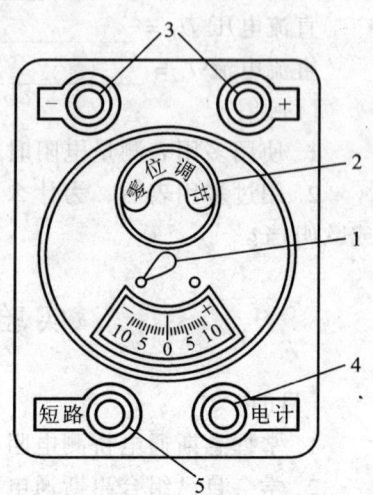

1—制动拨钮;2—调零旋钮;
3—输入端钮;4—电计按钮;
5—短路按钮
图3-26 AC-5型直流指针式
检流计面板图

## 二、直流单臂箱式电桥

QJ-24型直流单臂箱式电桥的电路图如图3-27所示,其面板图如图3-28所示.现将该电桥各部件的作用及使用方法介绍如下:

1. 比率臂 它相当于图3-25中的 $R_2$ 和 $R_1$,由8个精密电阻组成,总阻值为1 kΩ,度盘示值 $C = \frac{R_2}{R_1}$(即比率)分为0.001、0.01、0.1、1、10、100、1 000七挡.

2. 比较臂 $R$ 它由四个十进位电阻器盘组成,最大阻值为9 999 Ω,最小步进值为1 Ω.调节比率 $C$ 和比较臂 $R$,使电桥平衡,则待测电阻 $R_x$ 的阻值为

$$R_x = CR \qquad (3-12)$$

3. $X_1$ 和 $X_2$ "$X_1$"和"$X_2$"为待测电阻 $R_x$ 的接入端钮.

4. G "G"为外接检流计端钮.

5. $B_0$ 和 B "$B_0$"为内接电源开关按钮,仪器备有4.5 V电源."B"为外接电源端钮,使用外接电源时,应先接"-"极.外接大于4.5 V的电源和外接高灵敏度的检流计均可提高电桥的灵敏度.

6. 检流计 它是用以指示电桥平衡的.测量前应预先调好零位."$G_1$"为电桥平衡粗调按钮,此时有

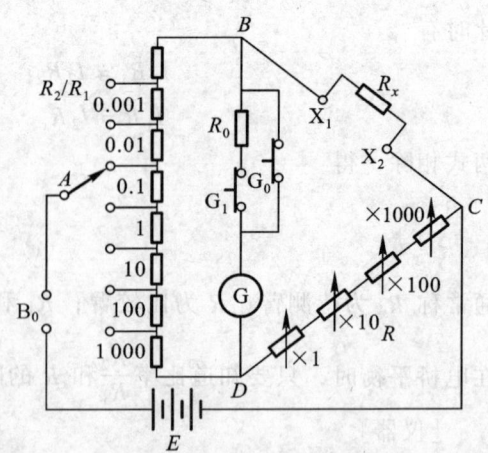

图3-27 QJ-24型直流单臂箱式电桥电路图

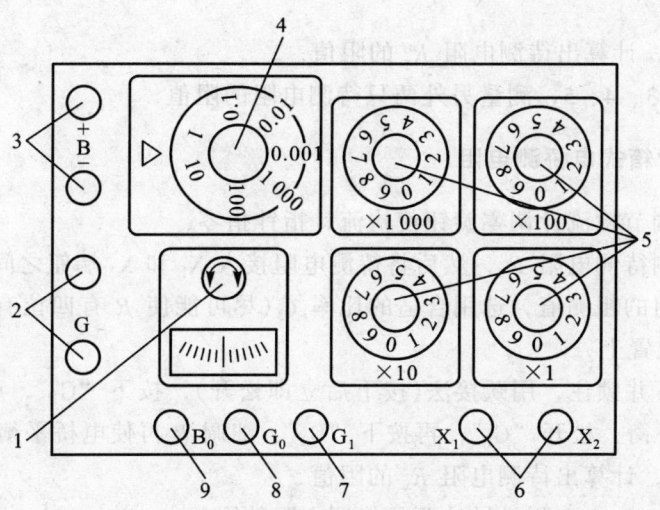

1—检流计调零旋钮;2—外接检流计端钮;3—外接电源端钮;
4—比率臂旋钮;5—比较臂旋钮;6—待测电阻接入端钮;
7—电桥平衡粗调按钮;8—电桥平衡细调按钮;
9—内接电源开关按钮

图 3-28　QJ-24 型直流单臂箱式电桥面板图

限流电阻 $R_0$ 与检流计串联. 粗调平衡后, 再按电桥平衡细调按钮 "$G_0$", 进行细调.

应当注意, 使用电桥测电阻前, 应先用多用表粗测待测电阻的阻值, 然后选取合适的比率 (尽可能使 R 有四位有效数字), 并将比较臂的旋钮旋至适当位置上. 这样可避免因电桥远离平衡状态而使检流计流过太大的电流. 比率 C 的选择参见表 3-7.

表 3-7　比率 C 的选择

| 测量范围/Ω | 1~10 | 10~$10^2$ | $10^2$~$10^3$ | $10^3$~$10^4$ | $10^4$~$10^5$ | $10^5$~$10^6$ | $10^6$~$10^7$ |
|---|---|---|---|---|---|---|---|
| 比率 C | 0.001 | 0.01 | 0.1 | 1 | 10 | 100 | 1 000 |

[步骤]

## 一、用自组惠斯通电桥测电阻

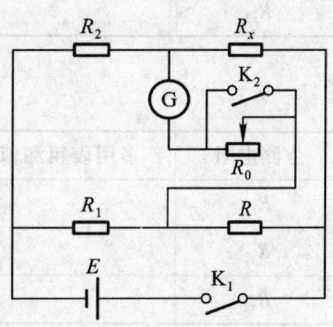

1. 按图 3-29 放置好各实验器材. 其中 $R_1$、$R_2$ 和 R 为电阻箱; $R_0$ 为滑线变阻器. 开始时电阻调至最大, 直流电源的输出电压选用 4.5 V.

2. 按图 3-29 接好线路. 先用多用表粗测待测电阻 $R_x$, 根据 $R_x$ 的粗测值, 选用合适的比率 C 和比较臂 R 的近似值.

3. 闭合开关 $K_1$, 断开开关 $K_2$, 粗调比较臂 R 的阻值, 使电桥达到平衡. 在粗调中可逐步减小限流电阻 $R_0$, 反复调整, 使之平衡.

4. 闭合开关 $K_2$, 细调比较臂 R 的阻值, 使电桥平衡, 记下

图 3-29　自组电桥电路图

$R$ 的示值.

5. 由式(3-11)，计算出待测电阻 $R_x$ 的阻值.

6. 重复步骤 2、3、4、5，测量另外两只待测电阻的阻值.

## 二、用直流单臂箱式电桥测电阻

1. 放平电桥，调节检流计调零旋钮使检流计指针指零.

2. 用多用表粗测待测电阻 $R_x$，然后将待测电阻接入 $X_1$ 和 $X_2$ 端钮之间.

3. 根据待测电阻的粗测值，选用合适的比率 $C$（尽可能使 $R$ 有四位有效数字），并将比较臂的旋钮旋至适当位置上.

4. 将"$B_0$"按下并锁住，用跃接法（按下后立即松开），按下"$G_1$"，用逐步逼近法调节比较臂 $R$，使得电桥平衡. 松开"$G_1$"，再按下"$G_0$"，细调 $R$ 再使电桥平衡. 记下 $R$ 示值.

5. 由式(3-12)，计算出待测电阻 $R_x$ 的阻值.

6. 重复步骤 2、3、4、5 测量另外两只待测电阻的阻值.

7. 测量完毕，将 $G_0$、$B_0$ 按钮放松.

[注意事项]

1. 在用自组电桥测电阻时，选取电源电压及比率臂 $R_1$ 和 $R_2$ 的电阻时，应注意电阻箱的载流能力，切勿超过.

2. 在调节电桥平衡时，如果检流计的指针偏转到两个端点位置，切忌长时间按住 $B_0$ 和 $G_1$（或 $B_0$ 和 $G_0$）两个按钮调节比较臂 $R$，因为检流计长时期过载容易损坏.

3. 待测电阻未接入电桥前，严禁按下 $B_0$、$G_1$（或 $B_0$、$G_0$）按钮，否则因检流计中电流过大而损坏电表.

4. 不能用箱式电桥测试带电线路或有电元件.

[数据]

表 3-8 用自组惠斯通电桥测电阻

| 待测电阻 | 多用表粗测值/Ω | $R_2/\Omega$ | $R_1/\Omega$ | $C$ | $R/\Omega$ | $R_x/\Omega$ |
|---|---|---|---|---|---|---|
| $R_{x1}$ | | | | | | |
| $R_{x2}$ | | | | | | |
| $R_{x3}$ | | | | | | |

表 3-9 用直流单臂箱式电桥测电阻

| 待测电阻 | 多用表粗测值/Ω | $C$ | $R/\Omega$ | $R_x/\Omega$ |
|---|---|---|---|---|
| $R_{x1}$ | | | | |
| $R_{x2}$ | | | | |
| $R_{x3}$ | | | | |

[讨论]

1. 用自组电桥测电阻时，滑线变阻器 $R_0$ 起什么作用？为什么开始时要把阻值调到最大，而以后又逐渐减小？

2. 用直流单臂箱式电桥测电阻时，为什么要用跃按法按"$G_1$"、"$G_0$"按钮？操作按钮 $B_0$、$G_1$ 和 $G_0$ 的顺序是什么？

# 实验六　薄透镜焦距的测定

[目的]

1. 学会测量薄透镜焦距的几种方法.
2. 掌握光学元件的共轴调整技术.

[原理]

### 一、用自准法测凸透镜的焦距

如图 3-30 所示，位于凸透镜焦平面上的物体发出的光，经过凸透镜折射后，变成平行光. 此时，如果在透镜的后面垂直光轴放一平面镜，使平行光反射回来，再经凸透镜折射而成像于原物所在的焦平面上，这样，物与凸透镜之间的距离即为凸透镜的焦距.

### 二、用共轭法测凸透镜的焦距

在近轴光线的条件下，薄透镜成像规律可用下式表示，即

$$\frac{1}{p} + \frac{1}{p'} = \frac{1}{f} \tag{3-13}$$

式中 $p$ 为物距；$p'$ 为像距(实像为正,虚像为负)；$f$ 为焦距(凸透镜为正,凹透镜为负).

如图 3-31 所示，当使物与像屏之间的距离 $D > 4f$，并保持不变时，移动放在它们中间的凸透镜，就可找到两个位置使物成像于屏上. 当凸透镜在 $O_1$ 处，屏上出现一放大的实像；当凸透镜在 $O_2$ 处，屏上出现一缩小的实像. 设 $O_1O_2 = d$，由式(3-13)，在 $O_1$ 处有

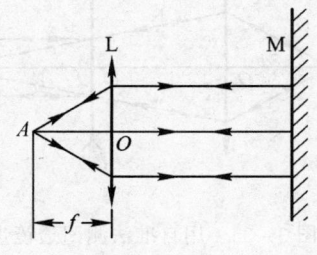

L—凸透镜；M—平面镜

图 3-30　用自准法测凸透镜的焦距

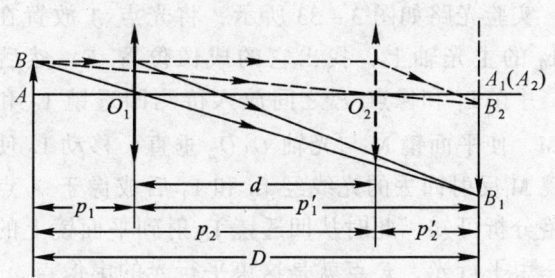

图 3-31　用共轭法测凸透镜的焦距

$$\frac{1}{p_1} + \frac{1}{D - p_1} = \frac{1}{f} \tag{3-14}$$

在 $O_2$ 处有

$$\frac{1}{p_1+d} + \frac{1}{D-p_1-d} = \frac{1}{f} \qquad (3-15)$$

由式(3-14)和式(3-15)解得

$$p_1 = \frac{D-d}{2} \qquad (3-16)$$

将式(3-16)代入式(3-14), 可得

$$f = \frac{D^2 - d^2}{4D} \qquad (3-17)$$

由上式可见, 只要测量 $D$ 和 $d$, 就可算出凸透镜的焦距.

### 三、用物距像距法测凹透镜的焦距

由透镜成像公式可知, 只要测得物距 $p$ 和像距 $p'$, 代入式(3-13), 透镜的焦距即可算出. 由于凹透镜是发散透镜, 它只能使物成虚像, 致使像距 $p'$ 不能直接测量. 为此, 我们借助一凸透镜, 将物点 $A$ 置于凸透镜 $L_1$ 的主光轴上, 使物点 $A$ 成像于 $B_1$ 点, 如图 3-32 所示. 然后把凹透镜 $L_2$ 放于凸透镜 $L_1$ 和 $B_1$ 之间, 这时光的实际会聚点将移到 $B_2$ 点. 根据光线传播的可逆性, 如果将物置于 $B_2$ 点处, 则由物点发出的光线经过凹透镜 $L_2$ 折射后, 所成的虚像将在 $B_1$ 点. 将式(3-13)改写成

$$f = \frac{pp'}{p+p'} \qquad (3-18)$$

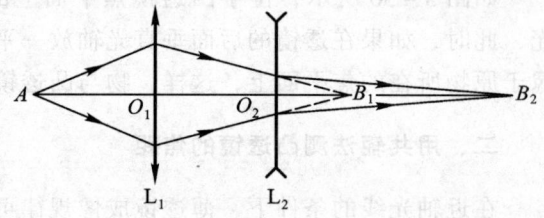

图 3-32 用物距像距法测凹透镜的焦距

由上式可见, 只要测量物距 $p = O_2B_2$; 像距 $p' = -O_2B_1$ (虚像取负值), 就可算出凹透镜的焦距.

应当指出, 由于是凹透镜, 所以求出的 $f$ 是负值.

### 四、用自准法测凹透镜的焦距

实验光路如图 3-33 所示, 将光点 $A$ 放置在凸透镜 $L_1$ 的主光轴上, 找出它的成像位置 $F$. 然后固定 $L_1$, 并在 $L_1$ 和像点 $F$ 之间放入待测凹透镜 $L_2$ 和平面镜 $M$, 使平面镜 $M$ 与光轴 $O_1O_2$ 垂直, 移动 $L_2$ 使由平面镜 $M$ 反射回去的光线经 $L_2$ 和 $L_1$ 后成像于 $A$ 点. 由光路分析可知, 此时从凹透镜 $L_2$ 射到平面镜上的光线是一束平行光, $F$ 点就是这束平行光的虚像点, 也就是凹透镜 $L_2$ 的焦点, 所以凹透镜 $L_2$ 的焦距 $f = -O_2F$.

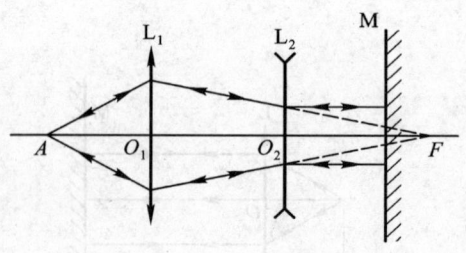

图 3-33 用自准法测凹透镜焦距

### 五、光学元件的共轴调整

在光学实验中, 经常要用到多个光学元件, 为了获得好的像质或好的实验条件, 必须使它

们的光轴重合——**共轴**．几乎所有的光学仪器，都要求仪器内部的各个光学元件共轴．共轴调整是做好光学实验的必要前提．光具座上光学元件的共轴调整可分为两步进行．

1. 粗调　把光源、物屏、透镜和像屏装到光具座的导轨上，先将它们靠拢，凭目测，调节它们的高低、左右，使各光学元件的中心大致在一条与导轨平行的直线上，并使物屏、透镜、像屏的平面相互平行且与导轨垂直．此过程称为粗调．

2. 细调　使物屏和像屏之间的距离 $D>4f$，缓缓地将凸透镜从物屏移向像屏，在此移动过程中，像屏上将先后获得一次放大的和一次缩小的清晰实像，若两次成像的中心重合．则表明该光学系统达到共轴要求；若大像中心在小像中心的上方，说明透镜位置偏高，应将透镜调低；反之，应将透镜调高．调节中采用"大像追小像"的办法，并注意保持透镜、物屏和像屏的相互平行且与导轨垂直．反复调节，逐步逼近．

应当注意，当光学系统中有两个或两个以上透镜（如用物距像距法测凹透镜焦距）时，必须逐个进行上述调整．先将第一个透镜（凸透镜）调节好，记下像中心在屏上的位置，然后加上另一透镜（凹透镜），再次观察成像情况，对后一透镜作上下、左右位置调整，使像中心仍落在第一次成像记下的中心位置上．切不可两透镜同时进行调整．

［仪器］

光源，光具座，凸薄透镜，凹薄透镜，平面镜，物屏，像屏．

［步骤］

### 一、用自准法测凸透镜焦距

1. 在光具座上按图 3-30 依次放置好光源、物屏、凸透镜和平面镜，使各元件平面相互平行且与导轨垂直．打开光源，照亮物屏．

2. 调整各元件的位置使之共轴．

3. 沿导轨移动凸透镜，直至物屏上获得一个等大、倒立的清晰实像．记下凸透镜和物屏位置，算出凸透镜焦距 $f$．

4. 重复步骤 2、3，测量五次，将数据记入表 3-10．求出凸透镜焦距的平均值 $\bar{f}$ 和平均值的标准偏差 $s(\bar{f})$，并写出测量结果 $f = \bar{f} \pm s(\bar{f})$．

### 二、用共轭法测凸透镜焦距

1. 用像屏代替平面镜，调整各元件的位置使之共轴．取物屏与像屏的距离 $D>4f$，固定和记录物屏和像屏位置，算出 $D$ 的数值．

2. 沿导轨移动凸透镜，使像屏上先后获得放大和缩小的清晰实像，读取先后两次成像时的透镜位置，算出 $d$ 的数值．将 $D$ 和 $d$ 代入式（3-17）中，算出凸透镜焦距 $f$．

3. 改变物屏和像屏之间的距离 $D$，重复上述步骤测量五次，将数据记入表 3-11 中，求出凸透镜焦距的平均值 $\bar{f}$．

### 三、用物距像距法测凹透镜焦距

1. 在光具座上按图 3-32 依次放置好光源、物屏、凸透镜、滑座（待装凹透镜用）和像屏．打开电源，照亮物屏，调整各元件的位置使之共轴．

2．调节凸透镜和物屏的位置．使 $AO_1 > 2f_1$．固定物屏和凸透镜，记下物屏和凸透镜的位置．

3．移动像屏，直到在像屏上获得清晰缩小实像 $B_1$，记下像屏位置．

4．在凸透镜和像屏之间放入待测焦距的凹透镜．调节其光轴位置，使之与原系统共轴(此时物屏和凸透镜位置不可移动)．

5．移动像屏，直到在像屏上获得清晰实像 $B_2$．记下凹透镜和像屏位置，算出物距 $p(O_2B_2)$ 和像距 $p'(-O_2B_1)$．将 $p$ 和 $p'$ 代入式(3-18)，求出凹透镜焦距 $f$．

6．改变物屏和凸透镜之间的距离，重复步骤2、3、4、5，测量五次．将数据记入表3-12中，求出凹透镜焦距的平均值 $\bar{f}$．

### 四、用自准法测凹透镜焦距

实验步骤和数据表格自己拟定，计算出凹透镜焦距的平均值 $\bar{f}$ 和平均值的标准偏差 $s(\bar{f})$，并写出测量结果 $f = \bar{f} \pm s(\bar{f})$．

[注意事项]

1．注意保护透镜，请勿用手指或其他东西接触透镜的光学表面．

2．每项实验都要认真调整各光学元件的位置，使之共轴．

[数据]

表3-10　用自准法测凸透镜的焦距

| 次　　数 | 物屏位置/cm | 透镜位置/cm | $f$/cm |
|---|---|---|---|
| 1 | | | |
| 2 | | | |
| 3 | | | |
| 4 | | | |
| 5 | | | |

$\bar{f} = $ _____ cm；

$s(\bar{f}) = $ _____ cm；

$f = \bar{f} \pm s(\bar{f}) = $ _____ cm．

表3-11　用共轭法测凸透镜的焦距

| 次数 | 物屏位置/cm | 像屏位置/cm | 透镜位置/cm | | $D$/cm | $d$/cm | $f$/cm |
|---|---|---|---|---|---|---|---|
| | | | 成放大像 | 成缩小像 | | | |
| 1 | | | | | | | |
| 2 | | | | | | | |
| 3 | | | | | | | |
| 4 | | | | | | | |
| 5 | | | | | | | |

$\bar{f} = $ _____ cm.

表 3–12　用物距像距法测凹透镜的焦距

| 次数 | 物屏位置/cm | 凸透镜位置/cm | 像 $B_1$ 位置/cm | 凹透镜位置/cm | 像 $B_2$ 位置/cm | $p$/cm | $p'$/cm | $f$/cm |
|---|---|---|---|---|---|---|---|---|
| 1 | | | | | | | | |
| 2 | | | | | | | | |
| 3 | | | | | | | | |
| 4 | | | | | | | | |
| 5 | | | | | | | | |

$\bar{f} = $ _____ cm.

[讨论]

1. 什么是共轴调整？如何对光学元件进行共轴调整？若系统没有达到共轴要求，对测量有什么影响？

2. 物距像距法测凹透镜焦距的实验中，对第一次凸透镜所成的像有什么要求？

# 第四章 物理实验中的基本调整与操作技术

实验中的调整和操作技术是十分重要的，正确的调整和操作不仅可将系统误差减小到最低限度，而且对提高实验结果的准确度有直接的影响．在学生做过第三章前导实验的基础上，本章就物理实验中最基本的、最常用的仪器调整和操作技术进行介绍，用以巩固已获得的知识，并为后继实验奠定良好的基础．至于其他一些特殊的调整和操作技术，将在各有关实验中加以讨论．

## §4-1 仪器调整与操作技术

### 一、零位调整

绝大多数测量工具及仪表，如游标卡尺、螺旋测微器、电流表、电压表、多用表等都有零位(零点)．在使用它们之前，都必须检查或校正仪器零位．对于一些特殊的仪器或准确度要求较高的实验，还必须在每次测量前校正仪器零位．

零位校正的方法一般有两种：一种是测量仪器本身带有零位校正装置，如电表，应使用零位校正装置使仪器在测量前处于零位；另一种仪器本身不能进行零位调整，如端点已经磨损的米尺、钳口已被磨损的游标卡尺，对于这类仪器，则应先记下零点读数，然后对测量数据进行零点修正．

### 二、水平、铅直调整

有些仪器和实验装置必须在水平或铅直状态下才能正常地进行实验，如天平、气垫导轨、三线摆等，因此在实验中经常遇到要对仪器进行水平、铅直调整．这种调整常借助水准仪或悬锤进行．凡是要作水平、铅直调整的仪器或装置，在其底座上大多数设有三个底脚螺丝(或一个固定脚、两个可调脚)，通过调节底脚螺丝，借助于水准仪或悬锤，可将仪器装置调整到水平或铅直状态．

### 三、光路共轴调整

在由两个或两个以上的光学元件组成的光学系统中，为了获得好的像质，满足近轴光线的条件，必须进行共轴调整．调整一般分为两步，第一步进行粗调——目测调整；第二步根据光学成像规律进行细调，常用的方法有自准法和共轭法(参见实验六薄透镜焦距的测定)．如果在光具座上进行实验，为了获得正确的读数，还必须把光轴调整到与光具座的导轨平行，即各光学元件光心到导轨的距离等高，并且光学元件的截面与导轨垂直．

### 四、消视差调节

在实验中，经常会遇到仪器的读数标线（指针、叉丝）和标尺平面不重合的情况，例如电表的指针和刻度面总是离开一定的距离，因此当眼睛在不同位置观察时，读得的指示值有时会有差异，这一现象称为**视差**。为了获得准确的测量结果，实验时必须消除视差。消除视差的方法有两种。一是使视线垂直标尺平面读数。如1.0级以上的电表的表盘上均附有平面镜，当观察到指针与其像重合，此时读取指针所指刻度值即为正确的。二是使读数标线与标尺平面密合于同一平面内，如游标卡尺上的游标尺加工成斜面，便是为了使游标尺的刻线下端与主尺接近于同一平面，以减小视差。

光学实验中的视差问题较为复杂，除了观测者的读数方法外，主要由于仪器没有调节好，造成较大的视差。下面分析光学仪器测量时的视差。

在用光学仪器进行非接触式测量时，常使用带有叉丝的望远镜或读数显微镜，其基本光路如图4-1所示。它们共同点是在目镜焦平面内附近装有一个十字叉丝（或带有刻度的分划板），若待测物体经物镜后成像（$A_1B_1$）在叉丝所在的位置处，人眼经目镜观察到叉丝与物体的最后虚像（$A_2B_2$）都在明视距离处的同一平面上，这样便无视差。

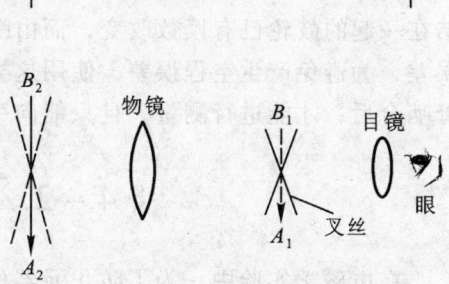

图4-1 望远镜基本光路示意图

要消除视差，可仔细调节目镜（连同叉丝）与物镜之间的距离，使待测物体经物镜成像在叉丝所在的平面上。一般是一边调节一边稍稍左右、上下移动眼睛，看看待测物体的像与叉丝像之间是否有相对运动，直至二者无相对运动为止。

### 五、逐次逼近调节

在物理实验中，仪器的调节大多不能一步到位。例如电桥达到平衡状态、电势差计达到补偿状态、灵敏电流计零点的调节、分光计中望远镜光轴的调节等等，都要经过反复多次调节才能完成。"逐次逼近调节"是一个能迅速、有效地达到调整要求的调节技巧。

依据一定的判断标准，逐次缩小调整范围，较快地获得所需状态的方法称为**逐次逼近调节法**。判断标准在不同的仪器中是不同的，如天平是观察其指针在标度前来回摆动，左右两边的振幅是否相等；平衡电桥是看检流计的指针是否指零。逐次逼近调节不仅在天平、电桥、电势差计等仪器的平衡调节中用到，而且在光路的共轴调整、分光计的调节（参见实验十八）中也要用到，这是一种经常使用的调节方法。

### 六、先定性、后定量原则

在测量某一物理量随另一物理量变化的关系时，为了避免测量的盲目性，应采用"先定性、后定量"的原则进行测量。即在定量测量前，先对实验的全过程进行定性观察，在对实验数据的变化规律有一初步了解的基础上，然后进行定量测量。例如在实验三测绘晶体二极管的伏安特性曲线时，对于电流 $I$ 随电压 $U$ 变化的情况先进行定性观察，然后在分配测量间隔时，采用不等间距测量,在电压增量 $\Delta U$ 相等的两点之间,如果电流 $I$ 的变化较大时,就应多测几个点.这样采用由不同间隔测得的数据来作图就比较合理.

### 七、回路接线法

在电磁学实验中,常遇到按电路图接线问题.一张电路图可分解为若干个闭合回路,接线时,由回路Ⅰ的始点(往往为高电势点或低电势点)出发,依次首尾相连,最后仍回到始点,再依次连接回路Ⅱ,回路Ⅲ,…….这种接线方法称为**回路接线法**.按此法接线和查线,可确保电路连接正确(参见实验三测绘线性电阻和非线性电阻的伏安特性曲线).

### 八、避免空程误差

由丝杠和螺母构成的传动与读数机构,由于螺母与丝杠之间有螺纹间隙,往往在测量刚开始或刚反向转动时,丝杠需要转过一定角度(可能达几十度),才能与螺母啮合.结果与丝杠联结在一起的鼓轮已有读数改变,而由螺母带动的机构尚未产生位移,造成虚假读数而产生空程误差.为避免产生空程误差,使用这类仪器(如螺旋测微器、读数显微镜)时,必须待丝杠与螺母啮合后,才能进行测量,且只能向一个方向旋转鼓轮,切忌反转.

## §4-2 电磁学实验基本规则

在电磁学实验中,为了防止元器件、仪器、仪表的损坏和人身触电事故,确保实验顺利进行,必须注意以下几点:

1. 使用元器件、仪器和仪表前,必须结合说明书(或实验指导书)了解该器件、仪器和仪表的面板结构和使用方法,了解各开关、插口、旋钮和接线柱的位置和功能.切忌在不了解(或不甚了解)仪器性能和操作规程的情况下,抱着试试看的心态,随意使用操作.

2. 根据实验线路和具体设备,在接线前,首先估计电路中可能出现的电流和电压的大小,初步判断所有电表和其它实验器件的规格是否适用.在把握不大的情况下,应尽可能先用大量程,最后根据实验情况改用适当量程.

3. 接线前,应根据方便操作和读数的原则合理放置仪器,尽可能使连线距离短捷,方便检查.如条件可能,可选用不同颜色的连接导线.

4. 按电路图用回路接线法依次连接线路.

5. 电路接好,自己检查认为无误后,再请老师检查,确认正确后,方可接通电源,进行实验.检查时特别要注意连线是否有误;开关是否断开;电源的输出调节旋钮是否处于使电压输出最小位置;电源、电表正负极性是否接对;电表量程是否恰当;电阻箱阻值是否正确(切不可为零);作分压或限流用的变阻器是否处于安全位置等.

6. 通电合闸前,要事先想好通电瞬间各仪器的正常反应是怎样的.合闸时要密切注意仪器、仪表的反应是否正常,出现异常,随即拉闸断电,并报告老师.

7. 实验过程中需要暂停(如更改线路某一部分或改变电表量程等),都必须断开电源.

8. 注意安全.不管电路有无高压,要养成避免用手或身体直接接触电路中导体的习惯.

9. 实验完毕,应将电路中的仪器拨到安全位置,断开电源开关,经教师检查实验数据后再拆线．拆线时应先拆去电源，并整理好仪器．

## §4-3 光学实验基本规则

光学仪器的主体是光学元件．光学元件大多是用光学玻璃制成，对其光学性能都有一定要求，而它们的机械性能和化学性能都很差．光学仪器出厂前，均经过精密调整和校正，如果使用维护不当，很容易损坏和报废．为了维护好光学元件和仪器的正常工作，确保实验顺利进行，光学实验中，必须注意以下几点：

1．使用仪器前，必须了解仪器的操作和使用方法，切不可在不了解仪器的操作和使用的情况下，随意调整和拆卸光学元件．搬动时，要防止光学元件位置移动．

2．轻拿轻放，勿使光学仪器或光学元件受到冲击或振动，特别要防止摔落．

3．不许用手触摸光学元件的光学面．需用手拿光学元件时，只能接触其磨砂面或边缘，如图4-2所示．

4．光学表面上如有灰尘，应用专用的干燥脱脂软毛笔轻轻掸去，或用橡皮吹球吹掉．若光学表面有轻微污痕或指纹印，应用特制镜头纸或清洁的麂皮轻轻地拂去，不可加压擦试，更不准用手、手帕、卫生纸和衣角擦拭，不可用嘴吹气．所有镀膜面均不能触碰或擦拭．

Ⅰ—光学面；Ⅱ—磨砂面
图4-2 手持光学元件的方式

5．除实验规定外，不允许任何溶液接触光学表面，不要对着光学元件表面说话，更不能对着它咳嗽、打喷嚏．

6．光学仪器的机械结构一般都比较精密，操作时动作要轻而缓慢地进行，用力要平稳均匀，不得强行扭动，也不能超出其行程范围．若使用不当，仪器准确度会大大降低，甚至损坏．

7．实验完毕，光学元件不得随意乱放，应归还原箱(盒)内，注意防尘、防湿和防腐蚀．

## §4-4 用计算器计算标准偏差

一般函数计算器都具备统计功能，并编入标准偏差的计算程序．SHARP EL—509G型计算器的面板图如图4-3所示，下面介绍应用它计算标准偏差的操作步骤．

1．开启电源开关 $\boxed{\text{ON/C}}$，按模式选择键 $\boxed{\text{MODE}}\boxed{1}$，选择统计模式，可进行如下统计计算：

$\bar{x}$　样本的平均值；

$sx$　样本的实验标准偏差；

$\sigma_x$　总体标准偏差；

$n$　样本个数；

$\sum x$　样本的和；

$\sum x^2$　样本的平方和．

其中

$\bar{x} = \dfrac{\sum x_i}{n}$ 为测量列的算术平均值;

$sx = \sqrt{\dfrac{\sum(x_i - \bar{x})^2}{n-1}}$ 为测量列的实验标准偏差 $s(x)$;

$\sigma_x = \sqrt{\dfrac{\sum(x_i - \bar{x})^2}{n}}$ 为无限多次测量时的总体标准偏差.

2. 按 $\boxed{2ndF}$ $\boxed{CA}$ 键，清除存储器中的内存数据（即清零）.

3. 键盘上打入一数据后，按一次 $\boxed{M+}$ 键，将测量列的数据 $x_i$（例如 4.32, 4.33, 4.34, 4.35, 4.36, 4.37, 4.38, 4.39）一一输入计算器内. 如有 $n$ 个相同数据需输入时，在打入该数据后按压 $n$ 次 $\boxed{M+}$ 键或按乘法键 $\boxed{\times}$ 再打入个数 $n$，再按 $\boxed{M+}$ 键输入. 当刚输入了错误数据时，要删除它，分以下两种情况：

（1）按 $\boxed{M+}$ 键之前的修正——按 $\boxed{ON/C}$ 键可删除错误数据，然后重新输入.

（2）按 $\boxed{M+}$ 键之后的修正——按 $\boxed{2ndF}$ $\boxed{M+}$ 键删除错误数据，然后重新输入.

4. 在所有数据全部输入后，按 $\boxed{2ndF}$ $\boxed{\bar{x}}$ 键，则显示出该测量列的算术平均值（$\bar{x} = 4.355$）；按 $\boxed{2ndF}$ $\boxed{sx}$ 键，则显示出该测量列的标准偏差 $[s(x) = 0.024\,494\,897]$，运算十分方便迅速.

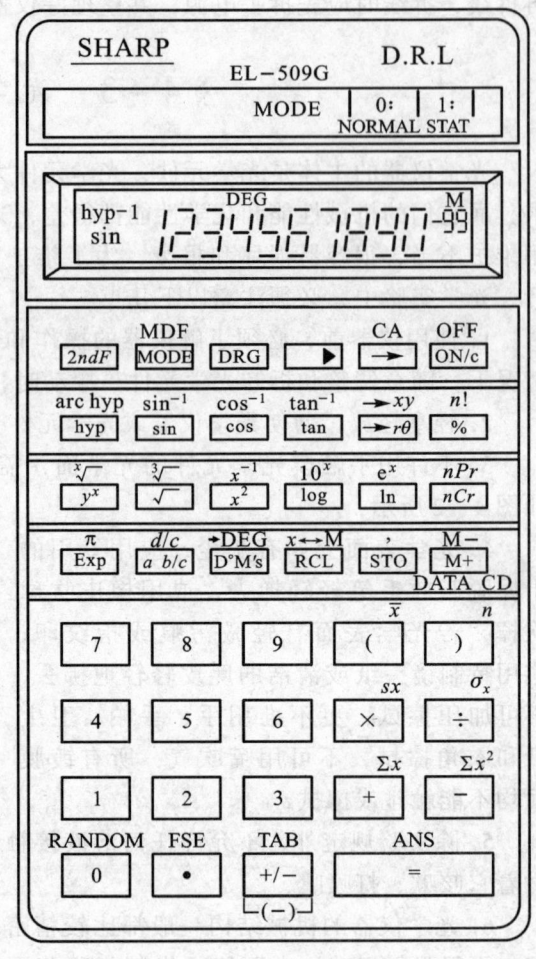

图 4-3 SHARP EL—509G 型计算器面板图

# 第五章 基 本 实 验

基本实验是物理实验教学的主要部分．学生在学习前四章的基础上，在本章将全面展开物理实验知识、实验方法和实验技术的学习和训练．在本章中，学生要进行角度、热量、温度、电动势、磁感强度、频率、波长、折射率等常用物理量的测量；要学会直流电势差计、通用示波器、低频信号发生器、读数显微镜、分光计、钠光灯和汞灯等常用仪器的使用；要学习比较法、放大法、转换法、模拟法、补偿法、平衡法和干涉法等物理实验的基本实验方法和测量方法；要掌握消视差、逐次逼近和各半调节等操作调节技术；以及要进行列表法、作图法、图解法和逐差法等数据处理方法的训练，从而逐步培养和提高学生的科学实验能力．

全章选编15个实验，其中5个力学、热学实验，5个电磁学实验和5个光学实验．在同一课题下，有的安排两个甚至三个实验内容，例如实验七转动惯量的测量，就包括三线扭摆法、转动惯量仪和气垫转盘三个内容，以供各学校各专业选择使用．

## 实验七  转动惯量的测量

### 7-Ⅰ  三线扭摆法

[目的]

学习用三线扭摆法测量物体的转动惯量．

[原理]

三线扭摆是测量物体转动惯量的常用仪器之一．三线扭摆的示意图如图5-1所示．它由上、下两个圆盘用三条等长弦线连接而成，每个圆盘上的三个悬点分别组成等边三角形．将两圆盘盘面调节成水平，此时下圆盘可绕两圆盘圆心的连线 $OO'$ 作扭转振动．当扭转角度不大（<5°）时，理论上可以证明，下圆盘绕 $OO'$ 轴的转动惯量 $J_0$ 为

$$J_0 = \frac{m_0 g R r}{4\pi^2 H_0} T_0^2 \qquad (5-1)$$

式中 $r$ 和 $R$ 分别为上、下圆盘悬点到转轴 $OO'$ 的距离；$H_0$ 为两圆盘间的距离；$m_0$ 为下圆盘的质量；$T_0$ 为扭转振动的周期．由上式可见，只要测出 $r$、$R$、$H_0$、$m_0$ 和 $T_0$，就可算出下圆盘绕 $OO'$ 轴的转动惯量 $J_0$．

如果在下圆盘上放上一个质量为 $m_1$ 的待测圆环，使待测圆环的几何轴与 $OO'$ 轴重合．测

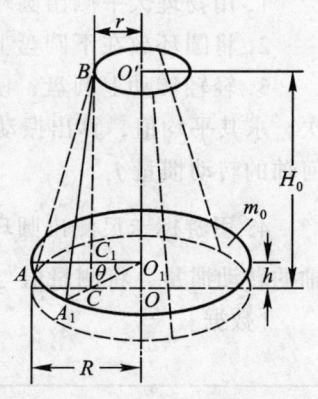

图5-1  三线扭摆的示意图

出它们绕中心轴 $OO'$ 的扭转振动周期 $T$，则它们总的转动惯量 $J$ 为

$$J = \frac{(m_0 + m_1)gRr}{4\pi^2 H_0}T^2 \tag{5-2}$$

那么待测圆环绕几何轴的转动惯量 $J_1$ 为

$$J_1 = J - J_0 \tag{5-3}$$

[仪器]

三线扭摆，物理天平，水准仪，秒表，游标卡尺，钢卷尺．

[步骤]

### 一、测量下圆盘的转动惯量

1．用物理天平测出下圆盘的质量 $m_0$．

2．调节仪器的三个底脚螺丝，使上圆盘处于水平；再调节三弦线之长度，使下圆盘处于水平．

3．用游标卡尺分别测出上、下圆盘中每两悬点之间的距离 $a_i$、$b_i$ ($i=1,2,3$)，并算出平均值 $\bar{a}$、$\bar{b}$．由此求出上、下圆盘的悬点到转轴 $OO'$ 的距离 $\bar{r} = \frac{\sqrt{3}}{3}\bar{a}$、$\bar{R} = \frac{\sqrt{3}}{3}\bar{b}$．

4．用钢卷尺测出上、下圆盘间的距离 $H_0$．

5．轻轻转动上圆盘，使下圆盘作扭转振动($\theta < 5°$)．用秒表测出振动 100 次所需要的时间 $t_0$．重复测量三次．求其平均值，算出振动周期 $\overline{T_0}$．

6．按式(5-1)计算下圆盘绕 $OO'$ 轴的转动惯量 $J_0$．

7．用游标卡尺测出下圆盘的直径 $D_0$，由 $J_{0理} = \frac{1}{8}m_0 D_0^2$ 计算下圆盘绕 $OO'$ 轴的转动惯量的理论值．将测量值与理论值比较，分析误差的大小．

### 二、测量圆环对几何轴的转动惯量

1．用物理天平测出圆环的质量 $m_1$．

2．将圆环放在下圆盘上，使圆环的几何轴与 $OO'$ 轴重合．

3．轻轻转动上圆盘，使下圆盘作扭转振动．用秒表测出振动 100 次所需的时间 $t$，重复三次，求其平均值，算出振动周期 $\bar{T}$．根据式(5-2)和式(5-3)，算出总转动惯量 $J$ 和圆环对几何轴的转动惯量 $J_1$．

4．用游标卡尺测出圆环的内、外直径 $D_1$ 和 $D_2$，由 $J_{1理} = \frac{1}{8}m_1(D_1^2 + D_2^2)$ 算出圆环对几何轴的转动惯量．将测量值与理论值比较，分析误差的大小．

[数据]

表 5-1 测量下圆盘的转动惯量

| $m_0 =$ | kg | | $D_0 =$ | cm | $H_0 =$ | cm |
|---|---|---|---|---|---|---|
| 次数 | $a$/cm | $b$/cm | $t_0$/s | $\bar{r} =$ cm | $\overline{J_0} =$ | kg·m² |
| 1 | | | | | | |

续表

| $m_0 =$ | kg | | $D_0 =$ | cm | $H_0 =$ | cm |
|---|---|---|---|---|---|---|
| 2 | | | | | | |
| 3 | | | $\overline{R} =$ | cm | $J_{0理} =$ | kg·m² |
| 平均 | | | $\overline{T_0} =$ | s | | |

$$E_{r0} = \frac{\overline{J_0} - J_{0理}}{J_{0理}} \times 100\% = \underline{\qquad}.$$

表 5-2 测量圆环的转动惯量

| 次 数 | $t/s$ | $m_1 =$ | kg | $\overline{J} =$ | kg·m² |
|---|---|---|---|---|---|
| 1 | | $D_1 =$ | cm | | |
| 2 | | $D_2 =$ | cm | $\overline{J_1} =$ | kg·m² |
| 3 | | | | | |
| 平均 | | $\overline{T} =$ | s | $J_{1理} =$ | kg·m² |

$$E_{r1} = \frac{\overline{J_1} - J_{1理}}{J_{1理}} \times 100\% = \underline{\qquad}.$$

［讨论］

如何利用三线扭摆测量任意形状的物体对定轴的转动惯量？

# 7-Ⅱ 转动惯量仪

［目的］

1. 学习用转动惯量仪测圆盘的转动惯量．
2. 学习用波纹法测微小时间．

［原理］

转动惯量仪原理图如图 5-2 所示，半径为 $R$ 的圆盘可绕水平的对称轴转动，圆盘上绕有轻绳，一端固定，另一端悬挂一质量为 $m$ 的物体，以物体 $m$ 为研究对象，根据牛顿第二定律，有

$$mg - F = ma \tag{5-4}$$

式中 $F$ 为绳的张力；$a$ 为物体 $m$ 的加速度．

以圆盘为研究对象，根据刚体转动定律，有

$$FR = J\alpha \tag{5-5}$$

式中 $J$ 为圆盘对水平对称轴的转动惯量；$\alpha$ 为圆盘转动的角加速度．

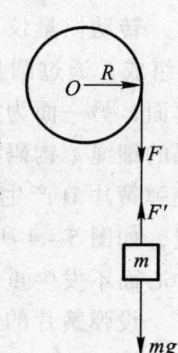

图 5-2 转动惯量仪原理图

当绳与圆盘之间没有相对滑动时，物体的加速度 $a$ 与圆盘的角加速度 $\alpha$ 的关系为

$$a = R\alpha \tag{5-6}$$

由式(5-4)，式(5-5)和式(5-6)可得

$$\alpha = \frac{Rmg}{J + mR^2} \tag{5-7}$$

由上式可见，圆盘的角加速度 $\alpha$ 为常量，圆盘作匀变速转动．

若选取相邻且相等的两段时间间隔 $t = t_2 - t_1$ 和 $t = t_3 - t_2$，在这两段时间间隔内圆盘转动的角位移是不同的．在第一段时间间隔 $t = t_2 - t_1$ 内的角位移 $\varphi_1$ 为

$$\varphi_1 = \omega_1 t + \frac{1}{2}\alpha t^2 \tag{5-8}$$

在第二段时间间隔 $t = t_3 - t_2$ 内的角位移 $\varphi_2$ 为

$$\varphi_2 = \omega_2 t + \frac{1}{2}\alpha t^2 \tag{5-9}$$

式中 $\omega_1$ 和 $\omega_2$ 分别为圆盘在 $t_1$ 和 $t_2$ 时刻的角速度．将式(5-9)减去式(5-8)，得

$$\varphi_2 - \varphi_1 = (\omega_2 - \omega_1)t \tag{5-10}$$

将上式两边同除以 $t^2$，得

$$\frac{\varphi_2 - \varphi_1}{t^2} = \frac{\omega_2 - \omega_1}{t} \tag{5-11}$$

即

$$\alpha = \frac{\varphi_2 - \varphi_1}{t^2} \tag{5-12}$$

将式(5-12)代入式(5-7)，得

$$J = mR\left(\frac{gt^2}{\varphi_2 - \varphi_1} - R\right) \tag{5-13}$$

由上式可见，只要测量物体的质量 $m$、圆盘的半径 $R$、时间间隔 $t$ 内的角位移差 $\varphi_2 - \varphi_1$，就可算出圆盘绕水平对称轴的转动惯量 $J$．

[仪器]

转动惯量仪，电源．

转动惯量仪装置图如图 5-3 所示．它主要由金属圆盘 A，电振动计时器 C 和读数放大镜 B 组成．通过圆盘中心的转轴水平地安置在 A 型支架的轴承座内．圆盘的一面是分为 360° 的刻度面，另一面为空白，供实验时涂上白粉记录波纹线用．圆盘的侧面有一销钉，用来系悬挂钩码的细绳．钩码在下落过程中，通过细绳而带动圆盘转动．电振动计时器接上交变电压后，可使弹簧片 D 产生振动．当圆盘转动时，振动的弹簧片尖端就在涂有白粉的圆盘面上绘出波纹线，如图 5-4 所示．让计时器沿水平滑杆 E 缓缓地向前移动，可使所绘的波纹逐渐靠近圆盘中心而不发生重叠．

设弹簧片的振动频率为 $f$，每振动一周就在转动着的圆盘上画出一个完整的波纹，所需时间为 $\frac{1}{f}$(s)．如图 5-4 所示，如果选取相邻的两段等量的 $N$ 个波纹，那么转过的角度 $\varphi_1$ 和 $\varphi_2$ 所需的时间间隔 $t$ 应该相等．时间间隔 $t$ 为

$$t = \frac{N}{f} \tag{5-14}$$

[步骤]

1．在金属圆盘不带刻度的盘面上均匀地涂上一层薄薄的白粉(或凡士林)．

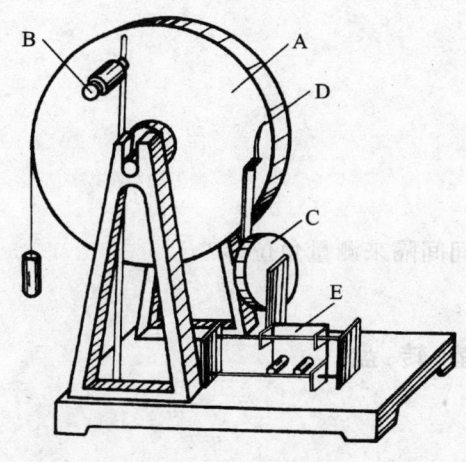
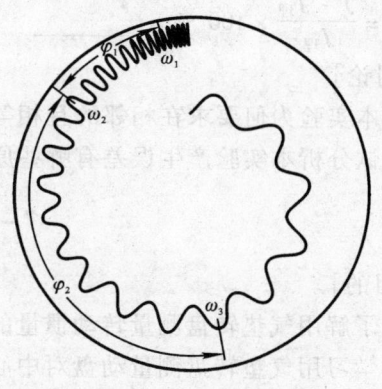

A—圆盘；B—读数放大镜；C—电振动计时器；
D—弹簧片；E—水平滑杆

图 5-3  转动惯量仪装置图　　　　图 5-4  振动记录图

2. 将悬挂钩码的细绳一端固定在圆盘边的销钉上，并让细绳绕圆盘一圈左右．

3. 接通电源，使电振动计时器的弹簧片起振．调节圆盘位置，使弹簧片尖端与盘面刚好接触．

4. 释放钩码，当钩码下落时，带动圆盘转动，同时用手缓缓地推移计时器，使其沿滑杆 E 向盘心移动，则弹簧片尖端在涂有白粉的圆盘面上绘出清晰的波纹线．

5. 在波纹线中，去掉起始的几个波纹，然后从某一个波纹开始计数．设每隔 5 个整波作一记号，同时在圆盘的刻度面用放大镜读取每个记号所对应的角坐标 $\theta_0$，$\theta_1$，$\theta_2$，…，$\theta_{14}$．用逐差法计算出两段相邻且相等的时间间隔内的角位移 $\varphi_1$ 和 $\varphi_2$、角位移差 $\varphi_2 - \varphi_1$ 及角位移差的平均值 $\overline{\varphi_2 - \varphi_1}$．

6. 记录电振动计时器的频率 $f$，由式(5-14)算出时间 $t$．

7. 测量圆盘的质量 $m_0$，圆盘的半径 $R$ 及钩码的质量 $m$．

8. 将上面所得数据代入式(5-13)，计算出圆盘的转动惯量 $J$，并与理论值 $J_{理} = \frac{1}{2} m_0 R^2$ 进行比较，求出相对误差．

[数据]

计时器频率 $f$ = _____ Hz；钩码质量 $m$ = _____ kg；

圆盘质量 $m_0$ = _____ kg；圆盘半径 $R$ = _____ cm；

表 5-3  转动惯量仪测圆盘的转动惯量

| 角坐标 $\theta$ | | | $\varphi_1$ | $\varphi_2$ | $\varphi_2 - \varphi_1$ |
|---|---|---|---|---|---|
| $\theta_0$ | $\theta_5$ | $\theta_{10}$ | $\theta_5 - \theta_0$ | $\theta_{10} - \theta_5$ | |
| $\theta_1$ | $\theta_6$ | $\theta_{11}$ | $\theta_6 - \theta_1$ | $\theta_{11} - \theta_6$ | |
| $\theta_2$ | $\theta_7$ | $\theta_{12}$ | $\theta_7 - \theta_2$ | $\theta_{12} - \theta_7$ | |
| $\theta_3$ | $\theta_8$ | $\theta_{13}$ | $\theta_8 - \theta_3$ | $\theta_{13} - \theta_8$ | |
| $\theta_4$ | $\theta_9$ | $\theta_{14}$ | $\theta_9 - \theta_4$ | $\theta_{14} - \theta_9$ | |

$\overline{\varphi_2 - \varphi_1}$ = _____ ;

$J$ = _____ kg·m$^2$ ;

$J_{理}$ = _____ kg·m$^2$ ;

$E_r = \dfrac{J - J_{理}}{J_{理}} \times 100\%$ = _____ .

[讨论]

1．本实验为何要求在相邻的且相等的两段时间间隔来测量角位移？
2．试分析本实验产生误差有哪些原因？

## 7-Ⅲ 气 垫 转 盘

[目的]

1．了解用气垫转盘测量转动惯量的原理．
2．学习用气垫转盘测量动盘对中心轴的转动惯量．

[仪器]

气垫转盘，数字毫秒计，遮光板，砝码盘及砝码．

气垫转盘如图 5-5 所示，进气孔 11 与气源相通，压缩空气经空心圆管进入气室 1 和定盘 2．气室 1 的上表面有许多气孔．定盘 2 为一环形空腔，与空室相通，其内壁亦钻有气孔．动盘置于定盘之上．从气室表面小孔中喷出的气体将动盘托起，从而消除两物体接触面之间的摩擦阻力，使动盘可以在气室上做近似无磨擦的转动．从定盘内壁小孔中喷出的气体作用于动盘的侧面，使动盘绕定轴转动．动盘中央为一圆柱，过圆柱的水平通孔绕有细线 4，细线的两端分别经气垫滑轮 5 挂有砝码盘 6．在动盘的上表面，即圆柱的两侧各分布有 9 个与中心轴对称的插孔．动盘的边缘固定一遮光板 7．矩形架上装有光电门 8、定点发放开关 9 和按键开关插座 10，其中光电门外接数字毫秒计．

[原理]

如图 5-5 所示，设两边砝码盘与砝码的质量均为 $m$，细线上的张力为 $F$，以砝码盘和砝码为研究对象，根据牛顿第二定律有

$$mg - F = ma \qquad (5-15)$$

设动盘绕线圆柱的半径为 $r$，动盘绕中心轴的转动惯量为 $J$，以动盘为研究对象，根据转动定律有

$$2rF = J\alpha \qquad (5-16)$$

式中 $\alpha$ 为动盘的角加速度．因为在动盘绕线圆柱边缘上一点的切向加速度与细绳和砝码盘的加速度大小相等，所以

$$a = r\alpha \qquad (5-17)$$

由式(5-15)，式(5-16)和式(5-17)可得

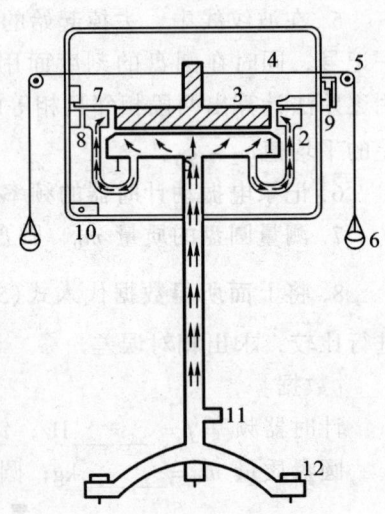

1—气室；2—定盘；3—动盘；
4—细线；5—气垫滑轮；6—砝码；
7—遮光板；8—光电门；
9—定点发放开关；10—按键开
关插座；11—进气孔；
12—底脚螺丝

图 5-5 气垫转盘

$$J = \frac{2mgr}{\alpha} - 2mr^2 \qquad (5-18)$$

上式中 $m$ 和 $r$ 均可直接测量，角加速度 $\alpha$ 可由以下的方法求得.

测量时抬起定点发放开关，动盘便开始转动，以遮光板第一次经光电门的时刻为记时起点，设此时动盘的角速度为 $\omega_0$，动盘转动一周(角位移 $2\pi$)的时间为 $t_1$，动盘转动两周(角位移 $4\pi$)的时间为 $t_2$，根据刚体的匀变速转动的公式有

$$2\pi = \omega_0 t_1 + \frac{1}{2}\alpha t_1^2 \qquad (5-19)$$

$$4\pi = \omega_0 t_2 + \frac{1}{2}\alpha t_2^2 \qquad (5-20)$$

式(5-20)乘 $t_1$ 减去式(5-19)乘 $t_2$ 可得

$$\alpha = \frac{4\pi(2t_1 - t_2)}{t_1 t_2 (t_2 - t_1)} \qquad (5-21)$$

将式(5-21)代入式(5-18)可得

$$J = \frac{t_1 t_2 (t_2 - t_1)}{2\pi (2t_1 - t_2)} mgr - 2mr^2 \qquad (5-22)$$

由上式可见，只要测量砝码盘与砝码的质量 $m$、动盘绕线圆柱的半径 $r$、动盘转动一周的时间 $t_1$ 和转动两周的时间 $t_2$，就可算出动盘对中心轴的转动惯量.

[步骤]

1. 调平气垫转盘　取下动盘，将水平校准盘放在气室表面上，接通气源，然后调节底脚螺丝 12，以水平校准盘能够稳定浮悬而不与定盘内壁接触为准.

2. 插上按键开关，将数字毫秒计(参见实验二)与光电门相接. 使数字毫秒计控制选择置于光控、测量选择置于 $S_2$ 挡、时标置于 1 ms 挡.

3. 在两砝码盘中分别放入等值砝码，旋转动盘，使细线绕动盘圆柱三周左右，然后按下定点发放开关，挡住遮光板使动盘不动.

4. 测量动盘转动一周的时间 $t_1$　抬起定点发放开关，动盘开始转动，随即把按键开关的键钮按下，当遮光板第一次经过光电门时，数字毫秒计开始记时，第二次经过光电门时，计时停止.

5. 测量动盘转动两周的时间 $t_2$　动盘开始转动并把键钮按下，当遮光板第一次经过光电门时，数字毫秒计开始记时，随后放开键钮，使遮光板第二次经过光电门时，计时仍继续进行，此后再把键钮按下，当遮光板第三次经过光电门时，计时停止.

6. 重复测量 $t_1$ 和 $t_2$ 5 次，分别算出它们的平均值.

7. 用游标卡尺测量动盘绕线圆柱的半径 $r$，并记下砝码盘与砝码的质量 $m$ 和当地的重力加速度 $g$ (由实验室给出).

8. 根据式(5-22)求出动盘对中心轴的转动惯量 $J$ 的值，并与动盘对几何轴的转动惯量的理论值 $J_0$ (由实验室给出)相比较，计算相对误差.

[数据]

表 5-4 气垫转盘测转动惯量

| 次 数 | 1 | 2 | 3 | 4 | 5 | 平均 |
|---|---|---|---|---|---|---|
| $t_1$/ms | | | | | | |
| $t_2$/ms | | | | | | |

$r = \underline{\hspace{2cm}}$ cm;

$m = \underline{\hspace{2cm}}$ g;

$g = \underline{\hspace{2cm}}$ m·s$^{-2}$;

动盘转动惯量实验值 $J = \underline{\hspace{2cm}}$ kg·m$^2$;

动盘转动惯量理论值 $J_0 = \underline{\hspace{2cm}}$ kg·m$^2$;

$E_r = \dfrac{J - J_0}{J_0} \times 100\% = \underline{\hspace{2cm}}$ .

[注意事项]

1. 动盘、水平校准盘等构件严禁磕碰、磨损,并防止形变.
2. 实验开始要调平气垫转盘,实验过程中要保持气压及其它实验条件稳定不变.

[讨论]

1. 实验中忽略了气垫滑轮的影响,这样会给测量结果造成怎样的变化?
2. 空气的粘性阻力对动盘的转动有无影响?

# 实验八 用拉伸法测金属丝的弹性模量

[目的]

1. 掌握用光杠杆法测量微小长度的原理和方法.
2. 学会用拉伸法测定金属丝的弹性模量.
3. 学会用逐差法处理实验数据.

[原理]

**一、拉伸法测金属丝的弹性模量**

设一粗细均匀的金属丝长为 $L$,截面积为 $S$,上端固定,下端悬挂砝码,金属丝在外力 $F$ 的作用下发生形变,伸长 $\Delta L$. 根据胡克定律,**在弹性限度内,金属丝的正应力** $\dfrac{F}{S}$ **和产生的线应变** $\dfrac{\Delta L}{L}$ **成正比**. 即

$$\frac{F}{S} = E \frac{\Delta L}{L} \tag{5-23a}$$

或

$$E = \frac{FL}{S\Delta L} \tag{5-23b}$$

式中比例系数 $E$ 称为**弹性模量**. 在国际单位制中,弹性模量的单位为牛每平方米,符号为

$N \cdot m^{-2}$.

实验证明，弹性模量与外力 $F$，物体的长度 $L$ 和截面积 $S$ 的大小无关，它只决定于材料的性质. 它是表征固体材料性质的一个物理量. 在式(5-23b)的右端，$F$、$L$ 和 $S$ 可用一般的仪器和方法测得，唯有 $\Delta L$ 是一个很小的量，要用光杠杆法测量.

## 二、光杠杆法测微小长度

将一平面镜固定在 T 形横架上，在支架的下部安置三个尖脚就构成一个光杠杆，如图 5-6 所示.

图 5-6 光杠杆

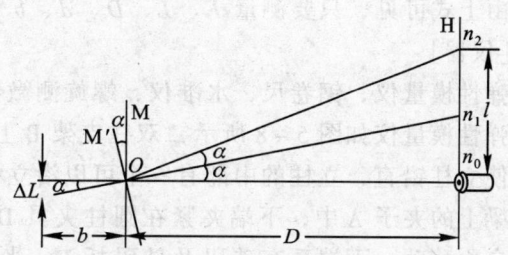

图 5-7 光杠杆法测微小长度原理图

用光杠杆法测微小长度原理图如图 5-7 所示，假定开始时平面镜 M 的法线 $On_0$ 在水平位置，则标尺 H 上的标度线 $n_0$ 发出的光通过平面镜 M 反射后，进入望远镜，在望远镜中观察到 $n_0$ 的像. 当金属丝受外力而伸长后，光杠杆的主杆尖脚随金属丝下降 $\Delta L$，平面镜转动一角度 $\alpha$. 根据光的反射定律，镜面旋转 $\alpha$ 角，反射线将旋转 $2\alpha$ 角，这时在望远镜中观察到 $n_2$ 的像.

从图 5-7 可见，

$$\tan \alpha = \frac{\Delta L}{b} \tag{5-24}$$

$$\tan 2\alpha = \frac{l}{D} = \frac{n_2 - n_0}{D} \tag{5-25}$$

式中 $b$ 为光杠杆主杆尖脚到前面两脚连线的距离；$D$ 为标尺平面到平面镜的距离；$l$ 为从望远镜中观测到的两次标尺读数之差.

当 $\Delta L \ll b$ 时，$\alpha$ 很小. $\tan \alpha \approx \alpha$，式(5-24)、式(5-25)可写为

$$\alpha = \frac{\Delta L}{b}$$

$$2\alpha = \frac{l}{D}$$

从上两式中消去 $\alpha$，得

$$\Delta L = \frac{bl}{2D} \tag{5-26}$$

或

$$l = \frac{2D\Delta L}{b}$$

上式表明，光杠杆的作用就是将微小变化量 $\Delta L$ 放大为标尺上的位移 $l$，即 $\Delta L$ 放大了 $\dfrac{2D}{b}$ 倍．通过测量 $b$、$l$ 和 $D$ 这些容易测量准确的量，间接地测量 $\Delta L$．

设金属丝的直径为 $d$，金属丝的截面积为

$$S = \frac{1}{4}\pi d^2 \tag{5-27}$$

将式(5-26)和式(5-27)代入式(5-23b)，得

$$E = \frac{8FLD}{\pi d^2\, bl} \tag{5-28}$$

由上式可见，只要测量 $F$、$L$、$D$、$d$、$b$ 和 $l$，就可算出待测金属丝的弹性模量．

[仪器]

弹性模量仪，钢卷尺，水准仪，螺旋测微器．

弹性模量仪如图 5-8 所示．双柱支架 B 上装有两根立柱和三只底脚螺丝．调节底脚螺丝，可以使立柱铅直．立柱的中部有一个可以沿立柱上下移动的平台 G．待测金属丝 L 的上端夹紧在横梁上的夹子 A 中，下端夹紧在圆柱夹具 D 中．圆柱夹具 D 穿过固定平台 G 中间的小孔，可以自由移动，下端系有砝码及砝码托 E．光杠杆 M 的主杆尖脚放在圆柱夹具 D 的上端面，两前尖脚放在固定平台 G 的凹槽内．望远镜 R 和标尺 H 是测量微小长度变化的装置．

[步骤]

### 一、弹性模量仪的调节

1. 将水准仪放在平台 G 上，调节弹性模量仪双柱支架上的底脚螺丝，使立柱铅直．

2. 将光杠杆放在平台 G 上，两前尖脚放在平台的凹槽中，主杆尖脚放在圆柱夹具的上端面上，但不可与金属丝相碰．调节平台的上下位置，使光杠杆三尖脚位于同一水平面上．

3. 加 1 kg 砝码在砝码托上(此砝码和砝码托不计入所加外力 $F$ 之内)，把金属丝拉直．并检查圆柱夹具 D 是否能在平台孔中自由移动．

4. 将望远镜和标尺安放在离光杠杆约 1.5 m 处．使光杠杆镜面与平台面大致垂直．望远镜筒处于水平状态，并与镜面等高．标尺处于铅直状态．

5. 从望远镜筒外上方沿镜筒轴线方向观察平面镜内是否有标尺的像．若无，则上下、左右移动望远镜位置和微调平面镜角度，直至看到标尺的像为止．

6. 调节望远镜的目镜，使观察到的十字叉丝最清晰．再前后调节望远镜物镜，使能看到清晰的标尺像．微微上下移动眼睛观察十字叉丝与标尺的刻度线之间有没有相对移动，若无相对移动，说明无视差．记下此时十字叉丝横线对准标尺的刻度值 $n_0$（$n_0$ 应选择在零刻度附近）．若有相对移动，说明存在视差，需仔细调节目镜(连同叉丝)与物镜之间的距离，并配合调节目镜，直到视差消除．

### 二、测金属丝的弹性模量

1. 陆续轻轻地将 1 kg 砝码加到砝码托上，共七次．逐次记录每加一个砝码，望远镜中的标尺读数 $n_1$，$n_2$，$\cdots$，$n_7$．加砝码时注意勿使砝码托摆动，并将砝码缺口交叉放置，以防掉下．

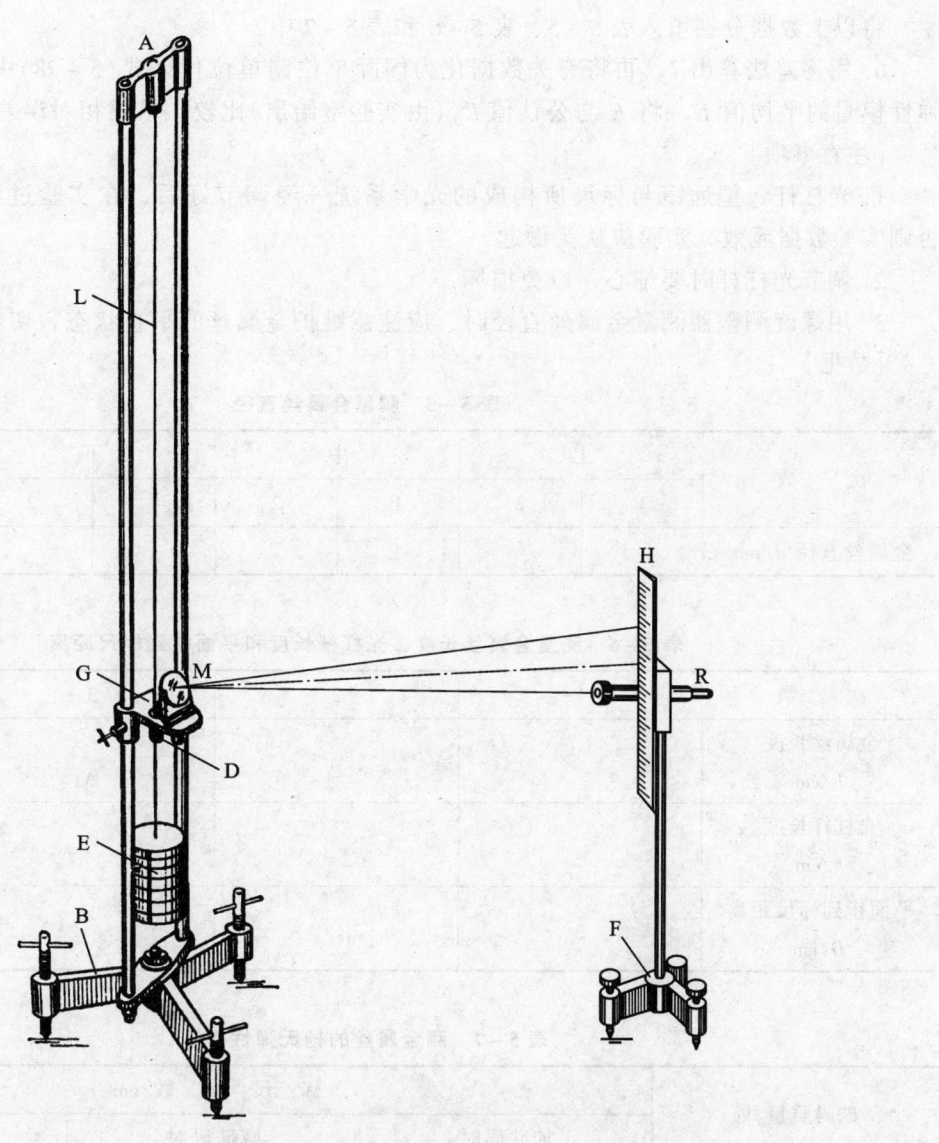

L—金属丝；D—圆柱夹具；E—砝码及砝码托盘；B—双柱支架；
G—平台；M—光杠杆；H—标尺；R—望远镜；F—三角支架

图 5-8　弹性模量仪装置图

2. 现将所加的 7 kg 砝码依次轻轻取下，并逐次记录每取下 1 kg 砝码时望远镜中的标尺读数 $n'_6$，$n'_5$，…，$n'_0$.

3. 用钢卷尺测量光杠杆镜面至标尺的距离 $D$ 和金属丝的长度 $L$ 各三次，分别求出它们的平均值.

4. 将光杠杆取下放在纸上，压出三个尖脚的痕迹，用钢卷尺量出主杆尖脚至前两尖脚连线的距离 $b$ 三次. 取其平均值.

5. 用螺旋测微器在金属丝的上、中、下三处测量其直径 $d$，每处都要在互相垂直的方向上各测一次，共得六个数据，取其平均值.

· 63 ·

将以上数据分别填入表5-5、表5-6和表5-7中.

6. 用逐差法算出 $\bar{l}$，再将有关数据化为国际单位制单位代入式(5-28)中，求出金属丝的弹性模量的平均值 $\bar{E}$. 将 $\bar{E}$ 与公认值 $E_0$（由实验室给出）比较，求出相对误差.

[注意事项]

1. 光杠杆、望远镜与标尺所构成的光学系统一经调节好后，在实验过程中不可再移动. 否则实验数据无效，实验应从头做起.
2. 调节光杠杆时要细心，以免损坏.
3. 用螺旋测微器测量金属丝直径时，应注意维护金属丝的平直状态，切勿将它扭折.

[数据]

表5-5 测量金属丝直径

| 次 数 | 上 | | 中 | | 下 | | 平 均 |
|---|---|---|---|---|---|---|---|
| | 1 | 2 | 1 | 2 | 1 | 2 | |
| 金属丝直径 $d$/mm | | | | | | | |

表5-6 测量金属丝长度、光杠杆长度和平面镜到标尺距离

| 次 数 | 1 | 2 | 3 | 平 均 |
|---|---|---|---|---|
| 金属丝长度 $L$/cm | | | | |
| 光杠杆长度 $b$/cm | | | | |
| 平面镜到标尺距离 $D$/cm | | | | |

表5-7 测金属丝的杨氏弹性模量

| 砝码质量/kg | 标 尺 读 数/cm | | |
|---|---|---|---|
| | 加砝码时 | 减砝码时 | 平 均 |
| | $n_0$ | $n'_0$ | $\bar{n}_0$ |
| | $n_1$ | $n'_1$ | $\bar{n}_1$ |
| | $n_2$ | $n'_2$ | $\bar{n}_2$ |
| | $n_3$ | $n'_3$ | $\bar{n}_3$ |
| | $n_4$ | $n'_4$ | $\bar{n}_4$ |
| | $n_5$ | $n'_5$ | $\bar{n}_5$ |
| | $n_6$ | $n'_6$ | $\bar{n}_6$ |
| | $n_7$ | $n'_7$ | $\bar{n}_7$ |

$\bar{E} = $ _____ N·m$^{-2}$;

公认值　$E_0 = $ _____ N·m$^{-2}$;

$E_r = \dfrac{\bar{E} - E_0}{E_0} \times 100\% = $ _____ %.

[讨论]

1. 为什么金属丝的伸长量 $\Delta L$ 要用光杠杆测量, 而 $b$、$L$、$D$ 则用钢卷尺测量(用误差分析说明)?

2. 为什么用逐差法处理本实验有关数据能减小测量的相对误差?

## 实验九　用落球法测液体的粘度

[目的]

用落球法测液体的粘度.

[仪器]

量筒, 米尺, 游标卡尺, 螺旋测微器, 天平, 秒表, 温度计, 小钢球, 镊子.

[原理]

当小球在液体中运动时, 小球受到与运动方向相反的摩擦阻力的作用, 这个阻力称为**粘性力**. 粘性力并不是小球和液体之间的摩擦力, 而是由于粘附在小球表面的液层与相邻液层之间的内摩擦而产生的.

若小球的半径很小, 液体是无限广延且粘度较大, 在小球的运动过程中不产生漩涡. 根据斯托克斯定律, 小球受到的粘性力 $F_r$ 为

$$F_r = 6\pi \eta r v \tag{5-29}$$

式中 $r$ 为小球的半径; $v$ 为小球的运动速度; $\eta$ 为液体的粘度(又称粘性系数), 它与液体的种类及液体的温度有关. 在国际单位制中, 粘度的单位为帕[斯卡]秒, 记为 Pa·s.

本实验采用落球法测液体的粘度. 如图 5-9 所示, 一质量为 $m$ 的小球落入液体后受到三个力的作用, 即重力 $mg$、浮力 $\rho_0 V g$ ($\rho_0$ 为液体的密度; $V$ 为小球的体积) 和粘性力 $F_r$. 在小球刚入液体时, 由于重力大于粘性力和浮力之和, 所以小球作加速运动. 随着小球运动速度的增加, 粘性力也增加, 当速度增加到 $v_0$ 时, 小球受到合外力为零, 此时有

$$mg = 6\pi \eta r v_0 + \rho_0 V g \tag{5-30}$$

以后小球以速度 $v_0$ 匀速下降, 此速度称为**终极速度**. 将小球的体积 $V = \dfrac{4}{3}\pi r^3$ 代入上式, 可得

$$\eta = \dfrac{\left(m - \dfrac{4}{3}\pi r^3 \rho_0\right) g}{6\pi r v_0} \tag{5-31}$$

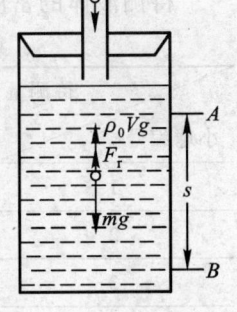

图 5-9　落球法测液体粘度示意图

上式适用于小球在无限广延的液体中运动的情况. 而在本实验中, 小球是在半径为 $R$ 的装有液体的量筒内运动的, 若考虑管壁对小球运动的影响, 则上式可修正为

$$\eta = \frac{\left(m - \frac{4}{3}\pi r^3 \rho_0\right)g}{6\pi r v_0 \left(1 + 2.4 \frac{r}{R}\right)} \tag{5-32}$$

由上式可见，只要测量小球的质量 $m$、小球的半径 $r$、液体的密度 $\rho_0$、量筒的内径 $R$ 和终极速度 $v_0$，就可算出待测液体的粘度.

[步骤]

1. 将玻璃量筒盛满待测液体. 用游标卡尺测量量筒的内径 $R$.

2. 将五个小钢球编号，用布擦干净，分别用天平测量其质量，并用螺旋测微器在三个不同的方向测量半径，求出平均值后待用.

3. 将编号待用的小球放在待测液体中浸润后，放入量筒中央的孔中，让小球沿量筒中心下落. 用秒表量出每个小球匀速下落时通过路程 $AB$（标线 $A$、$B$ 的位置由实验室确定）所需的时间 $t$，用米尺测量两标线间的距离 $s$，则小球的终极速度 $v_0 = \frac{s}{t}$.

4. 用比重计测量待测液体的密度 $\rho_0$.

5. 根据每个小球所测量的数据，由式(5-32)计算出待测液体的粘度 $\eta$，并算出其平均值 $\bar{\eta}$. 用温度计测量待测液体的温度，根据附表Ⅵ中液体粘度的数值（或由实验室给出）算出相对误差.

[注意事项]

1. 实验时，待测液体中应无气泡，小钢球上应无污迹.

2. 液体的粘度随温度发生变化，在测量液体温度时，温度计的感温泡应置于量筒上两标线 $A$ 和 $B$ 之间.

[数据]

待测液体的温度 $t = $ _____ ℃；

量筒内半径 $R = $ _____ m；

两标线之间的距离 $s = $ _____ m；

待测液体的密度 $\rho_0 = $ _____ kg·m$^{-3}$.

表 5-8  落球法测液体的粘度

| 小球编号 \ 待测量 | $m$/kg | $r$/m | $t$/s | $v_0/(\text{m}\cdot\text{s}^{-1})$ | $\eta/(\text{Pa}\cdot\text{s})$ |
|---|---|---|---|---|---|
| 1 | | | | | |
| 2 | | | | | |
| 3 | | | | | |
| 4 | | | | | |
| 5 | | | | | |

$\bar{\eta} = $ _____ Pa·s；

公认值 $\eta_0 = $ _____ Pa·s；

$$E_\mathrm{r} = \frac{\overline{\eta} - \eta_0}{\eta_0} \times 100\% = \underline{\qquad}.$$

[讨论]

1. 试分析影响实验结果的主要因素是什么？
2. 为了减小误差，应对实验中哪些量的测量方法进行改进？
3. 测量过程中温度变化对测量结果是否有影响？怎样修正？

# 实验十　用拉脱法测液体的表面张力系数

[目的]

1. 学习焦利秤的使用方法．
2. 用拉脱法测量液体的表面张力系数，了解液体的表面特性．

[原理]

液体表面有尽量缩小其表面面积的趋势，它就像张紧的弹性薄膜一样．这说明液体表面存在着一种张力，称为**表面张力**．

设想在液面上有一长为 $l$ 的线段，那么表面张力的作用就表现在线段 $l$ 两边的液面以力 $F_\mathrm{f}$ 相互作用，$F_\mathrm{f}$ 的方向垂直于线段 $l$，且与液面相切，大小与 $l$ 的长度成正比，即

$$F_\mathrm{f} = \alpha l \tag{5-33}$$

式中 $\alpha$ 为液体的表面张力系数，它在数值上等于作用在液体表面单位长度上的力．在国际单位制中，表面张力系数的单位为牛[顿]每米，记为 $\mathrm{N\cdot m^{-1}}$．表面张力系数 $\alpha$ 的大小与液体的性质、温度和所含的杂质有关．

如图 5-10 所示，将金属丝框垂直浸入水中润湿后往上提起，此时金属丝框下面将带出一水膜．该膜有着两个表面，每一表面与水面相交的线段上都受到大小为 $F_\mathrm{f} = \alpha l$，方向竖直向下的表面张力的作用．要把金属丝框从水中拉脱出来，就必须在金属丝框上加一定的力 $F$．当水膜刚要被拉断时，则有

$$F = mg + 2\alpha l \tag{5-34}$$

式中 $mg$ 为金属丝框和水膜所受的重力．据上式有

$$\alpha = \frac{F - mg}{2l} \tag{5-35}$$

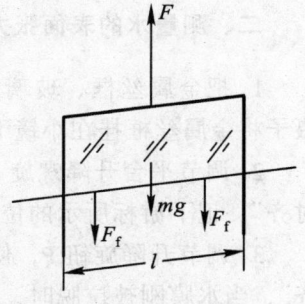

图 5-10　拉脱法测液体的表面张力

由上式可见，只要测量金属丝框的宽度 $l$ 和 $F - mg$ 之值，就可算出水的表面张力系数．

[仪器]

焦利秤，金属丝框，砝码，玻璃皿，游标卡尺，温度计．

焦利秤是一种精细的弹簧秤，常用于测量微小的力．如图 5-11 所示，带有米尺刻度的圆柱 B 套在中空立管 A 内，A 管上附有游标 V．调节旋钮 P 可使 B 在 A 管内上下移动．B 的横梁上悬挂一锥型细弹簧 L，弹簧的下端挂着一面刻有水平线 C 的小镜，小镜悬空在刻有水平线 D 的玻璃管中间．小镜下端的小钩用来悬挂砝码盘 G 和金属丝框 H．工作平台 E 可通过螺旋 S 作

上下移动.

使用焦利秤时，通过调节旋钮 P 使圆柱 B 上下移动，从而调节弹簧 L 的升降，目的在于使小镜上的水平刻线 C、玻璃管上的水平刻线 D 以及 D 刻线在小镜中的像 D′ 三者重合(简称"三线对齐")，这样可以保持 C 线的位置不变. 应当指出，普通弹簧秤是上端固定，加负载后向下伸长. 而焦利秤是保持弹簧的下端(C 线)的位置不变，则弹簧加负载后的伸长量 $\Delta x$ 与弹簧上端点向上的移动量相等，它可用圆柱 B 上的主尺和套管 A 上的游标来测量. 再根据胡克定律

$$F = k\Delta x \tag{5-36}$$

在已知弹簧劲度系数 $k$ 的条件下，求出力 $F$ 的量值.

[步骤]

### 一、测量弹簧的劲度系数

1. 挂好弹簧、小镜和砝码盘，使小镜穿过玻璃管并恰好在其中.
2. 调节三足底座上的底脚螺丝，使立管 A 处于铅直状态.
3. 调节升降旋钮 P，使小镜的刻线 C、玻璃管的刻线 D 及 D 在小镜中的像 D′ 三者重合，从游标上读出未加砝码时的位置坐标 $x_0$.
4. 在砝码盘内逐次添加相同的小砝码 $\Delta m$（如取 $\Delta m = 0.50$ g）. 每增添一只砝码，都要调节升降旋钮 P，使焦利秤重新到达"三线对齐"，再分别读出其位置坐标 $x_i$.
5. 用逐差法处理所测数据，求出弹簧的劲度系数 $\bar{k}$.

### 二、测量水的表面张力系数

1. 把金属丝框、玻璃皿和镊子清洗干净，并用蒸馏水冲洗. 用镊子将金属丝框挂在小镜下端的挂钩上，同时把装入适量蒸馏水的玻璃皿置于平台上.
2. 调节平台升降螺旋 S，使金属丝框浸入水中. 再调节升降旋钮 P，使焦利秤达到"三线对齐"，记下游标所示的位置坐标 $x_0$.
3. 调节升降旋钮 P，使金属丝框缓缓上升，同时调节 S 使液面逐渐下降，并保持"三线对齐"，当水膜刚被拉脱时，记下游标所示的位置坐标 $x$.
4. 重复上述步骤 6 次，求出弹簧的伸长量 $x - x_0$ 和平均伸长量 $\overline{(x - x_0)}$，于是 $F - mg = k\overline{(x - x_0)}$.
5. 记录室温，并用游标卡尺测量金属丝框的宽度 $L$ 6 次.
6. 根据式(5-35)算出液体的表面张力系数的平均值 $\bar{\alpha}$，并计算出其标准偏差 $s(\bar{\alpha})$，写出测量结果.

[注意事项]

1. 金属丝框、玻璃皿和玻璃皿中的蒸馏水必须保持洁净，请勿用手触摸.
2. 不要使锥型弹簧的负载超过规定值(由实验室给出)，以免使弹簧变形损坏.

[数据]

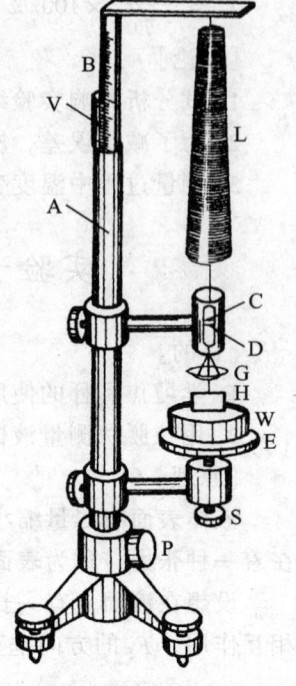

A—立管；B—圆柱；V—游标；C—镜面标线；D—玻璃管刻线；L—弹簧；P—升降螺旋；E—平台；S—平台升降螺丝；G—砝码盘；H—金属丝框；W—玻璃皿

图 5-11 焦利秤

**表 5-9 测量弹簧的劲度系数**

$\Delta m =$ _____ g

| $i$ | $m_i$/g | $x_i$/cm | $i$ | $m_i$/g | $x_i$/cm | $(x_{i+5}-x_i)$/cm | $\overline{(x_{i+5}-x_i)}$/cm |
|---|---|---|---|---|---|---|---|
| 0 | | | 5 | | | | |
| 1 | | | 6 | | | | |
| 2 | | | 7 | | | | |
| 3 | | | 8 | | | | |
| 4 | | | 9 | | | | |

$\bar{k} =$ _____ N·m$^{-1}$.

**表 5-10 测量水的表面张力系数**

$t =$ _____ ℃

| 次 数 | $x_0$/cm | $x$/cm | $(x-x_0)$/cm | $\overline{(x-x_0)}$/cm | $L$/cm | $\bar{L}$/cm |
|---|---|---|---|---|---|---|
| 1 | | | | | | |
| 2 | | | | | | |
| 3 | | | | | | |
| 4 | | | | | | |
| 5 | | | | | | |
| 6 | | | | | | |

$\bar{\alpha} =$ _____ N·m$^{-1}$;

$s(\bar{\alpha}) =$ _____ N·m$^{-1}$;

$\alpha = \bar{\alpha} \pm s(\bar{\alpha}) =$ _____ N·m$^{-1}$.

[讨论]

1. 测金属丝框的宽度 $L$ 时,应测它的内宽还是外宽?为什么?
2. 若中空立管不垂直,对测量有何影响?试作定量分析.

# 实验十一 导热系数的测定

[目的]

测定不良导体的导热系数.

[原理]

设在 $\Delta t$ 时间内通过面积 $S$ 传递的热量为 $\Delta Q$,根据热传导的傅立叶定律,单位时间内通过面积 $S$ 传递的热量 $\frac{\Delta Q}{\Delta t}$ 与温度梯度 $\frac{\Delta T}{\Delta x}$ 成正比,与面积 $S$ 成正比,即

$$\frac{\Delta Q}{\Delta t} = -kS\frac{\Delta T}{\Delta x} \tag{5-37}$$

式中 $k$ 称为**导热系数**. 负号表示热量沿温度减小的方向传递, 与温度梯度的方向相反. 在国际单位制中, $k$ 的单位为瓦每米开[尔文]记为 $W \cdot m^{-1} \cdot K^{-1}$.

实验装置图如图 5-12 所示, 将直径为 $D$, 厚度为 $h$ 的待测样品圆盘 3 放在铜质加热筒 2 的底部和铜质散热盘 4 的上表面之间, 使它们紧密接触. 设加热筒底部的温度为 $T_1$, 散热盘的温度为 $T_2$, 则样品圆盘上、下表面的温度可用 $T_1$ 和 $T_2$ 表示, 据式(5-37)有

$$\frac{\Delta Q}{\Delta t} = -k \frac{\pi D^2 (T_2 - T_1)}{4h}$$

即

$$k = \frac{4h}{\pi D^2 (T_1 - T_2)} \frac{\Delta Q}{\Delta t} \tag{5-38}$$

式中 $T_1$、$T_2$、$h$ 和 $D$ 都容易测得, $\frac{\Delta Q}{\Delta t}$ 可用下述方法测量.

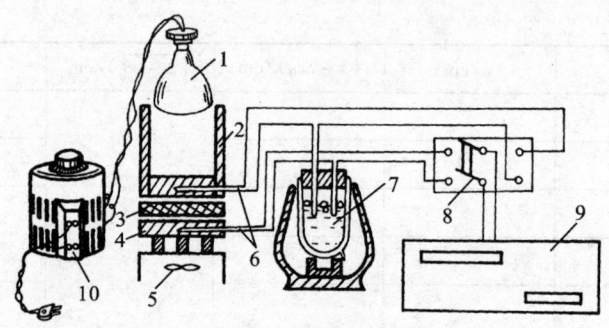

1—红外灯；2—加热筒；3—样品；4—散热盘；5—电扇；
6—热电偶；7—冰筒；8—双刀双掷开关；
9—数字电压表；10—调压器

图 5-12 实验装置图

在稳定导热的条件下, $T_1$ 和 $T_2$ 将保持不变, 这时可认为通过样品圆盘的传热速率与散热盘在温度为 $T_2$ 时的散热速率相等. 当测得稳定传热的温度 $T_1$、$T_2$ 后, 抽出样品圆盘, 让发热筒与散热盘直接接触, 使散热盘的温度上升到比稳态时的温度 $T_2$ 高 10°C 左右, 再将发热筒移去, 复上样品圆盘, 让散热盘处于原来条件下散热冷却, 每隔一定时间读一次散热盘的温度示值, 可求出散热盘在 $T_2$ 时的冷却速率 $\frac{\Delta T}{\Delta t}\Big|_{T=T_2}$.

设散热盘的质量为 $m$, 比热容为 $c$, 则散热盘在 $T_2$ 时的散热速率和冷却速率之间的关系为

$$\frac{\Delta Q}{\Delta t} = -cm \frac{\Delta T}{\Delta t}\Big|_{T=T_2} \tag{5-39}$$

由于 $\frac{\Delta T}{\Delta t}\Big|_{T=T_2}$ 是负值, 故上式右端有一负号.

在实验中, 我们采用热电偶测量温度. 设热电偶温差电动势为 $E$, 温差电系数 $\alpha$, 则有

$$E \approx \alpha (T - T_0) \tag{5-40}$$

式中 $T$ 为热端温度，$T_0$ 为冷端温度. 如果热电偶的冷端温度 $T_0$ 保持不变，据上式有

$$\frac{\Delta T}{\Delta t} = \frac{1}{\alpha}\frac{\Delta E}{\Delta t} \tag{5-41}$$

$$T_1 - T_2 = \frac{1}{\alpha}(E_1 - E_2) \tag{5-42}$$

式中 $\frac{\Delta E}{\Delta t}$ 为散热盘冷却时温差电动势的变化速率；$E_1$ 和 $E_2$ 分别为稳态时加热筒和散热盘的温差电动势的示值. 由式(5-38)、式(5-39)、式(5-41)和式(5-42)可得

$$k = \frac{4mch}{\pi D^2 (E_1 - E_2)} \frac{\Delta E}{\Delta t}\bigg|_{E=E_2} \tag{5-43}$$

由上式可见，只要测量 $m$、$D$、$h$、$c$、$E_1$、$E_2$ 和 $\frac{\Delta E}{\Delta t}\bigg|_{E=E_2}$，就可算出待测样品的导热系数.

[仪器]

导热系数测定仪，调压器，热电偶，冰筒，数字电压表，游标卡尺.

如图 5-12 所示，红外灯为热源，向加热筒提供热量，热量经加热筒底部传入样品，再经样品传入散热盘，散热盘借助于电扇有效而稳定地散热. 当传入样品的热量等于散热盘散发的热量时，样品处于稳定导热状态.

[步骤]

1. 按图 5-12 安装、调整仪器.

2. 接通调压器电源，将输出电压调至 200 V，加热约 30 min 后，降至 150 V. 以后每隔 5 min 读一次温度示值(实际上直接读出温差电动势示值 $E$). 若在 10 min 内，样品上、下表面的温度 $T_1$ 和 $T_2$ 不变，则可认为达到稳定导热状态，记下稳定时的 $E_1$ 和 $E_2$.

3. 抽出样品，让加热筒贴紧散热盘继续加热，待散热盘的温度上升 10 ℃ 左右(温差电动势比 $E_2$ 增加约 0.5 mV)后，移去加热筒，复上样品圆盘，让散热盘散热冷却，每隔 30 s 读一次温度值($E$ 值)，直至散热盘温度降到比 $T_2$ 低 10 ℃ 左右(温差电动势比 $E_2$ 减小约 0.5 mV).

4. 以 $t$ 为横坐标，$E$ 为纵坐标，作出 $E-t$ 曲线，并从曲线上求出 $\frac{\mathrm{d}E}{\mathrm{d}t}\bigg|_{E=E_2}$.

5. 用游标卡尺测量出样品圆盘不同部位的直径 $D$ 和厚度 $h$ 各 5 次，分别求出它们的平均值 $\bar{D}$ 和 $\bar{h}$. 散热盘的质量 $m$ 和散热盘的比热容 $c$ 由实验室给出.

6. 将有关的数据代入式(5-43)，计算出待测样品的导热系数 $k$.

[数据]

稳定状态时 $E_1 = $ _____ mV；$E_2 = $ _____ mV.

表 5-11 散热盘自然冷却时温差电动势的变化速率

| $t$/s | | | | | | | | |
|---|---|---|---|---|---|---|---|---|
| $E$/mV | | | | | | | | |

$\frac{\mathrm{d}E}{\mathrm{d}t}\bigg|_{E=E_2} = $ _____ mV·s$^{-1}$；

$c =$ _____ J·kg$^{-1}$·K$^{-1}$;
$m =$ _____ kg.

表 5-12 样品尺寸

| 次 数 | 1 | 2 | 3 | 4 | 5 | 平均 |
|---|---|---|---|---|---|---|
| $D$/cm | | | | | | |
| $h$/cm | | | | | | |

$k =$ _____ W·m$^{-1}$·K$^{-1}$;

[注意事项]

1．实验过程中不要接触红外灯和加热筒，以免烫伤．
2．加热筒底盘和散热盘上安装热电偶的小孔与冰筒应放在同一侧，以免接错线路．热电偶插入小孔时，可抹上些硅油，并插入孔底，以保证接触良好．
3．在散热盘冷却过程中，当温度接近稳定导热状态温度时，应多读几组数据．

[讨论]

1．用式(5-43)测量导热系数 $k$ 时要求哪些实验条件？在实验中如何保证？
2．观察实验过程中环境温度的变化，分析实验过程中各个阶段环境温度的变化对结果的影响．

# 实验十二　用模拟法描绘静电场

[目的]

1．用模拟法描绘静电场的分布．
2．加深对电场强度和电势的理解．

[原理]

用实验方法直接测量电场时，由于测量仪器的探针引入静电场，在探针上的感应电荷会影响原电场的分布．为了解决这个困难，我们采用模拟法(参阅§6-6)，建立一个与静电场有相似的数学函数表达式的模拟场，通过对模拟场的测定，可以间接地获得原静电场的分布．模拟法是一种重要的科学研究方法．

以两无限长带等量异号电荷的同轴圆柱面的电场为例，其截面如图 5-13 所示．设电极 A 的半径和电极 B 的内径分别为 $a$ 和 $b$，每单位长度分别带有电荷 $+\tau$ 和 $-\tau$．B 接地，设 A 的电势为 $V_A$（B 的电势为零）．

根据理论的计算，A、B 两电极间半径为 $r$ 处的电场强度的大小为

$$E = \frac{\tau}{2\pi\varepsilon_0 r} \tag{5-44}$$

式中 $\varepsilon_0$ 为真空中的电容率．场强的方向在垂直于轴线的平面内，沿径向呈辐射状．

A、B 两电极间任一半径为 $r$ 的柱面的电势为

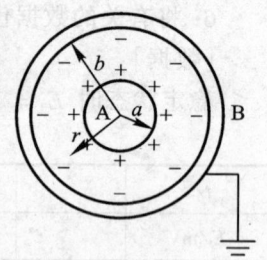

图 5-13　长的同轴圆柱面横截面的电场分布

$$V = \int_r^b \boldsymbol{E} \cdot \mathrm{d}\boldsymbol{r}$$

$$= \frac{\tau}{2\pi\varepsilon_0}\int_r^b \frac{\mathrm{d}r}{r}$$

$$= \frac{\tau}{2\pi\varepsilon_0}\ln\frac{b}{r} \quad (5-45)$$

同理，电极 A 的电势为

$$V_A = \frac{\tau}{2\pi\varepsilon_0}\ln\frac{b}{a} \quad (5-46)$$

式(5-45)与式(5-46)相除可得

$$V = V_A \frac{\ln\dfrac{b}{r}}{\ln\dfrac{b}{a}} \quad (5-47)$$

下面讨论相应的稳恒电流场. 若在电极 A、B 间用均匀的不良导体(如导电纸、稀硫酸铜溶液等)连接或填充时，接上电源(设输出电压为 $V_A$)后，不良导体中就产生了从电极 A 均匀辐射状地流向电极 B 的电流. 电流密度为

$$j = \frac{\boldsymbol{E}'}{\rho}$$

式中 $\boldsymbol{E}'$ 为不良导体内的电场强度；$\rho$ 为不良导体的电阻率.

如图 5-14 所示，设不良导体的厚度为 $d$，以半径为 $r$ 和 $r+\mathrm{d}r$ 作两个圆柱面，圆柱面的面积 $S = 2\pi rd$，则两圆柱面间的电阻为

$$\mathrm{d}R = \rho\frac{\mathrm{d}r}{S} = \frac{\rho\mathrm{d}r}{2\pi rd}$$

从半径为 $r$ 的圆柱面到半径为 $b$ 的电极 B 之间的电阻为

$$R_{rB} = \frac{\rho}{2\pi d}\int_r^b \frac{\mathrm{d}r}{r}$$

$$= \frac{\rho}{2\pi d}\ln\frac{b}{r} \quad (5-48)$$

同理，充满在电极 A、B 间的不良导体的总电阻为

$$R_{AB} = \frac{\rho}{2\pi d}\ln\frac{b}{a} \quad (5-49)$$

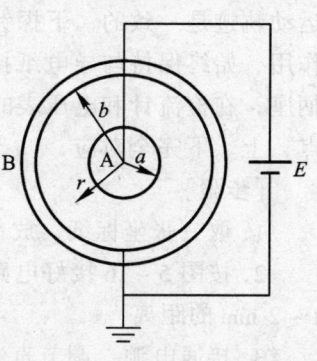

图 5-14 长的同轴圆柱面横截面电场分布模拟模型

设从电极 A 到电极 B 的总电流为 $I$，根据欧姆定律，有

$$U_{AB} = V_A - V_B = IR_{AB}$$

由于 $V_B = 0$，所以电极 A 的电势为

$$V_A = IR_{AB} \quad (5-50)$$

同理，半径为 $r$ 的圆柱面的电势为

$$V' = IR_{rB} \quad (5-51)$$

式(5-51)和式(5-50)相除可得

$$V' = V_A \frac{R_{rB}}{R_{AB}} \tag{5-52}$$

将式(5-48)和式(5-49)代入上式,有

$$V' = V_A \frac{\ln \frac{b}{r}}{\ln \frac{b}{a}} \tag{5-53}$$

比较式(5-53)和式(5-47),可以看到稳恒电流场与静电场的电势分布是相同的.

由于稳恒电流场和静电场具有这种等效性,因此欲测绘静电场的分布,只要测绘相应的稳恒电流场的分布就行了.

[仪器]

双层静电场测试仪,直流稳压电源,电压表,检流计,滑线变阻器,开关.

双层静电场测试仪如图5-15所示.它分上、下两层.下层为一胶木平板,装有电极A、B和导电纸.上层是一块有机玻璃板,上面放有坐标纸.有一分为上、下两层的探针,通过弹簧片把它们固定在手柄座C上,两探针保持在同一铅垂线上.移动手柄时,两探针在上、下两层的运动轨迹是一致的.下探针较圆滑,靠弹簧片的作用,始终保持与导电纸接触.实验时,移动手

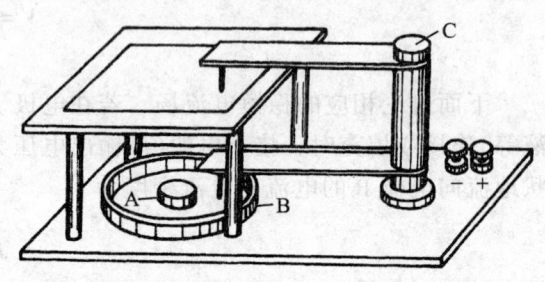

A,B—电极;C—手柄座
图5-15 双层静电场测试仪

柄座,在检流计和电压表的指示下,找到所测等势点时,按一下上探针扎孔为记,这样找到的点,上、下完全对应.

[步骤]

1. 取一张坐标纸,放在双层静电场测试仪上层的有机玻璃板上,用弹簧片将坐标纸压住.

2. 按图5-16接好电路.调节探针,保持下探针与导电纸接触良好,上探针与坐标纸有1~2 mm的距离.

3. 接通电源,调节直流稳压电源的输出电压,使电极A的电势为6 V(设电极B的电势为零).

4. 滑动可变电阻器R,使伏特表$V_2$的读数为5 V,移动探针位置,使检流计G指针为零,则该点的电势为5 V,用上探针扎孔为记.同理,再找到电势为5 V的等势点多个,扎孔为记,从而形成较明显的圆形.

5. 使电压表$V_2$的读数分别为4 V、3 V、2 V和1 V,重复步骤4.

6. 把多个点连成等势线(应是圆),确定圆心O的位置.量出各条等势线的半径r,并分别求其平均值.

7. 用游标卡尺分别测量电极A和电极B的半径a和b(或由实验室给出).

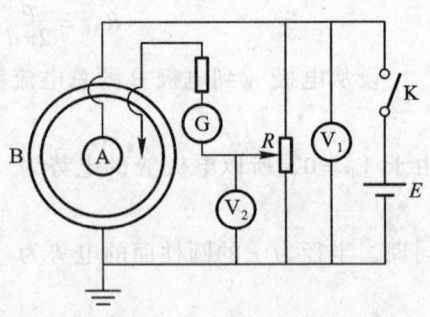

图5-16 模拟法描绘静电场测量电路图

8. 按式(5-47)计算各相应半径 $r$ 处的电势的理论值 $V_理$,并与实验值比较,计算相对误差.

9. 根据等势线与电场线相互正交的特点,在等势线图上添画电场线,成为一张完整的两无限长带等量异号电荷的同轴圆柱面的静电场分布图.

10. 以 $\ln r$ 为横坐标,$V_实$ 为纵坐标,作 $V_实 - \ln r$ 曲线,并与 $V_理 - \ln r$ 曲线比较.

[数据]

表 5-13 模拟法描绘静电场

$a = \_\_\_\_$ cm;$b = \_\_\_\_$ cm.

| $V_实 / V$ | 5.00 | 4.00 | 3.00 | 2.00 | 1.00 |
|---|---|---|---|---|---|
| $r / m$ | | | | | |
| $\ln(r/m)$ | | | | | |
| $V_理 / V$ | | | | | |
| $E_r = \dfrac{V_实 - V_理}{V_理} \times 100\%$ | | | | | |

[讨论]

1. 如果电源电压增大一倍,等势线和电场线的形状是否变化?
2. 电极和导电纸接触的好坏对实验结果有何影响?

# 实验十三 电表的改装和校正

[目的]
1. 学习用比较法测量微安表的内阻.
2. 掌握电表扩大量程的原理和方法.
3. 学会对改装表进行校正和绘制校正曲线.

[原理]

常用的直流电流表和直流电压表都有一个共同的部分,即表头.表头通常是磁电式微安表.根据分流和分压原理,将表头并联或串联适当电阻值的电阻,即可改装成所需量程的电流表或电压表.

## 一、将微安表改装成电流表

微安表的量程 $I_g$ 很小,在实际使用中,若测量较大的电流,就必须扩大其量程.扩大量程的方法是在微安表的两端并联一分流电阻 $R_s$,如图 5-17 所示.这样就使部分被测电流从分流电阻上流过,而通过微安表的电流不超过原来的量程.

设微安表的量程为 $I_g$,内阻为 $R_g$,改装后的量程为 $I$,由图 5-17,根据欧姆定律可得

$$(I - I_g)R_s = I_g R_g$$

$$R_s = \frac{I_g R_g}{I - I_g}$$

若 $I = nI_g$，则

$$R_s = \frac{R_g}{n-1} \tag{5-54}$$

由上式可见，要想将微安表的量程扩大原来量程的 $n$ 倍，那么只需在表头上并联一个分流电阻，其电阻值为 $R_s = \frac{R_g}{n-1}$.

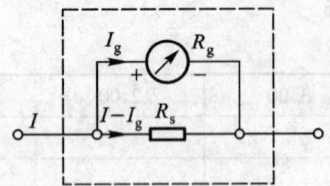

图 5-17 微安表改成电流表

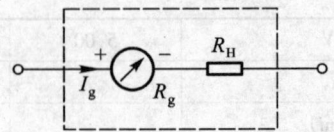

图 5-18 微安表改成电压表

### 二、微安表改装成电压表

我们知道，微安表虽然可以测量电压，但是它的量程为 $I_g R_g$，是很低的. 在实际使用中，为了能测量较高的电压，在微安表上串联一个附加电阻 $R_H$，如图 5-18 所示. 这样就可使大部分电压降在串联附加电阻上，而微安表上的电压降很小，仍不超过原来的电压量程 $I_g R_g$.

设微安表的量程 $I_g$，内阻为 $R_g$，欲改装电压表的量程为 $U$，由图 5-18，根据欧姆定律可得

$$I_g(R_g + R_H) = U$$

$$R_H = \frac{U}{I_g} - R_g \tag{5-55}$$

由上式可见，要想将量程为 $I_g$ 的微安表改装成量程为 $U$ 的电压表，只需在表头上串联一个分压电阻，其电阻值 $R_H = \frac{U}{I_g} - R_g$.

### 三、改装表的校正

改装后的电表必须经过校正方可使用. 改装后的电流表和电压表的校正电路分别如图 5-19 和图 5-20 所示.

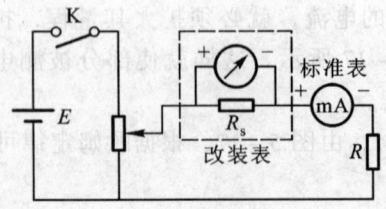

图 5-19 校正电流表的电路

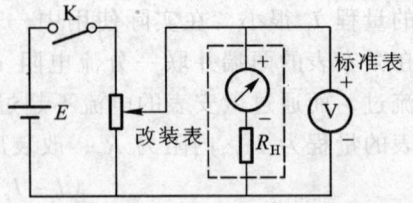

图 5-20 校正电压表的电路

首先调好表头的机械零点,再把待校的电流表(电压表)与标准表接入图 5-19(或图 5-20)中,然后一一校准各个刻度,同时记下待校电流表(或电压表)和标准表的示值 $I$(或 $U$)和 $I_s$(或 $U_s$). 以待校表的示值 $I$(或 $U$)为横坐标,示值 $I$(或 $U$)校正值 $\Delta I = I_s - I$(或 $\Delta U = U_s - U$)为纵坐标,作校正曲线. 作校正曲线时,相邻两点一律用直线连接,成为一个折线图,不能连成光滑曲线.

[仪器]

微安表,滑线变阻器,旋转式电阻箱,直流稳压电源,毫安表,电压表,单刀单掷开关,双刀双掷开关.

[步骤]

### 一、用比较法测量微安表的内阻

1. 按图 5-21 接好线路,将滑线变阻器的滑动头 $C$ 靠近 $B$ 端.

2. 合上开关 $K_1$,将双刀双掷开关 $K_2$ 接到待测表上,调节滑线变阻器,使比较表电流在一较大示值处(不能超过 100 μA).

3. 把 $K_2$ 打到旋转式电阻箱 $R_1$ 一侧,保持滑线变阻器滑动头 $C$ 的位置不变,调节电阻箱上的电阻(由高电阻逐渐减小),使比较表中的电流仍保持不变,此时旋转式电阻箱上的电值 $R_1$ 等于待测微安表的内阻 $R_g$,即 $R_g = R_1$.

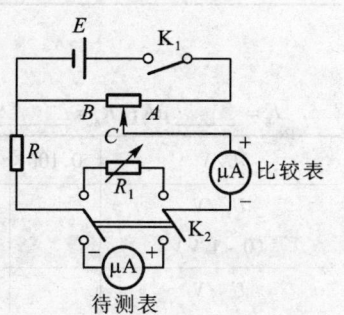

图 5-21 表头内阻的测量

### 二、电流表的改装和校正

1. 将量程为 100 μA 的微安表改装成量程为 100 mA 的毫安表. 根据式(5-54)计算出 $R_s$ 的数值,用电阻箱作为 $R_s$(或由实验室给出自制电阻 $R_s$),按图 5-19 接好线路.

2. 使电流表从小到大校准 10 个刻度,然后电流从大到小重复一遍. 即从 10.0 mA,20.0 mA,…,100.0 mA;再从 100.0 mA,90.0 mA,…,10.0 mA.

3. 以改装电流表的示值 $I$ 为横坐标,示值 $I$ 的校正值 $\Delta I = I_s - I$ 为纵坐标,作出改装表的 $\Delta I - I$ 校正曲线.

### 三、电压表的改装和校正

1. 将量程为 100 μA 的微安表改装成量程为 1 V 的电压表. 根据式(5-55)计算出 $R_H$ 的数值,按图 5-20 接好线路.

2. 使电压表从小到大校准 10 个刻度,然后电压从大到小重复一遍. 即从 0.100 V,0.200 V,…,1.000 V;再从 1.000 V,0.900 V,…,0.100 V.

3. 以改装电压表的示值 $U$ 为横坐标,示值 $U$ 的校正值 $\Delta U = U_s - U$ 为纵坐标,作出改装电压表的 $\Delta U - U$ 校正曲线.

[数据]

表 5-14　电流表的改装和校正

$I_g = \underline{\qquad}$ μA；$R_g = \underline{\qquad}$ Ω；改装表量程 $\underline{\qquad}$ mA；$R_s = \underline{\qquad}$ Ω．

| $I$/mA | 10.0 | 20.0 | 30.0 | 40.0 | 50.0 | 60.0 | 70.0 | 80.0 | 90.0 | 100.0 |
|---|---|---|---|---|---|---|---|---|---|---|
| $I_{s1}$/mA (0~100 mA) | | | | | | | | | | |
| $I_{s2}$/mA (100 mA~0) | | | | | | | | | | |
| $I_s$/mA $\left[I_s = \frac{1}{2}(I_{s1}+I_{s2})\right]$ | | | | | | | | | | |
| $\Delta I$/mA ($\Delta I = I_s - I$) | | | | | | | | | | |

表 5-15　电压表的改装和校正

$I_g = \underline{\qquad}$ μA；$R_g = \underline{\qquad}$ Ω；改装表量程 $\underline{\qquad}$ V；$R_H = \underline{\qquad}$ Ω．

| $U$/V | 0.100 | 0.200 | 0.300 | 0.400 | 0.500 | 0.600 | 0.700 | 0.800 | 0.900 | 1.000 |
|---|---|---|---|---|---|---|---|---|---|---|
| $U_{s1}$/V (0~1 V) | | | | | | | | | | |
| $U_{s2}$/V (1 V~0) | | | | | | | | | | |
| $U_s$/V $\left[U_s = \frac{1}{2}(U_{s1}+U_{s2})\right]$ | | | | | | | | | | |
| $\Delta U$/V ($\Delta U = U_s - U$) | | | | | | | | | | |

[讨论]

1．校正电流表时，如果发现改装表的示值相对标准表的示值偏高，试问此时改装表的分流电阻 $R_s$ 是偏大还是偏小？为什么？

2．校正电压表时，如果发现改装表的示值相对标准表的示值偏低，试问此时改装表的分压电阻 $R_H$ 是偏大还是偏小？为什么？

# 实验十四　电势差计的使用

## 14-Ⅰ　用线式电势差计测电池的电动势

[目的]

1．掌握电势差计的工作原理．

2. 学习用线式电势差计测电动势.

[原理]

电势差计是应用补偿原理(参阅§6-4)制成的精密仪器,其原理图如图5-22所示. 由电源 $E$、可变电阻 $R_n$、均匀电阻丝 $AB$ 和开关 $K_1$ 构成工作回路. 合上开关 $K_1$ 后,有电流 $I$ 通过均匀电阻丝 $AB$. 并在 $AB$ 上产生电势降落 $IR$. 如果将检流计 G、待测电池 $E_x$ 和开关 $K_2$ 串联后跨接到均匀电阻丝 $AB$ 的 $C$、$D$ 两点上,当开关 $K_2$ 合上后,检流计 G 上就可能有电流流过,则说明 $C$、$D$ 两点的电势差 $V_C - V_D > E_x$,或者 $V_C - V_D < E_x$. 如果适当调节 $C$、$D$ 两点的位置,使检流计 G 指针指零(即 $I_g = 0$),这种情况称电势差计处于补偿状态. 此时有

$$V_C - V_D = E_x = IR_{CD} \tag{5-56}$$

式中 $R_{CD}$ 为 $C$、$D$ 两点间的电阻. 设均匀电阻丝 $AB$ 上每单位长度的电阻为 $R_0$,$CD$ 段电阻丝的长度为 $L_x$. 于是

$$E_x = IR_0 L_x \tag{5-57}$$

保持工作电流 $I$ 不变,用标准电池 $E_s$ 替换待测电池 $E_x$,将 $C$、$D$ 位置调节到 $C'$、$D'$ 两点,同样可使检流计 G 的指针指零,达到补偿状态. 设此时 $C'D'$ 段电阻丝长度为 $L_s$,则有

$$E_s = IR_0 L_s \tag{5-58}$$

将式(5-57)与式(5-58)相除可得

$$E_x = \frac{L_x}{L_s} E_s \tag{5-59}$$

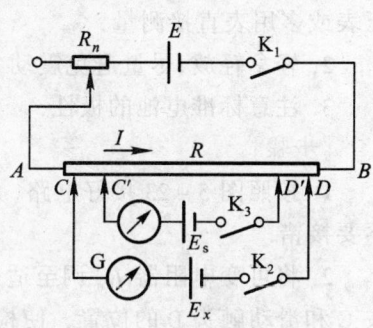

图 5-22 电势差计原理图

由上式可见,在已知标准电池的电动势 $E_s$ 的情况下,只要测量 $L_x$ 和 $L_s$,就可算出待测电池的电动势.

[仪器]

十一线电势差计,待测电池,可变电阻器,检流计,温度计,直流稳压电源,电阻器,双刀双掷开关,单刀单掷开关.

一、十一线电势差计

十一线电势差计的结构如图5-23所示. 电阻丝 $AB$ 长 11 m,往复绕在接线插孔 0,1,2,…,10 上,被折成11段,每段长为 1 m. 插头 C 可在上述 11 个接线插孔中任意选择一个位置,电阻丝 $B0$ 旁边附有带毫米刻度的标尺,滑动触头 D 可在它上面滑动. 改变插头 C 和滑动触头 D 的位置,可使 $CD$ 间的电阻丝长度在 0~11 m 之间连续变化. 双刀双掷开关用来选择接通标准电池 $E_s$ 或待测电池 $E_x$. 电阻 R 是用来保护标准电池和检流计的. 在电势差计处于补偿状态进行读数时,必须合上开关 $K_3$,使电阻 R 短路,以提高测量的灵敏度.

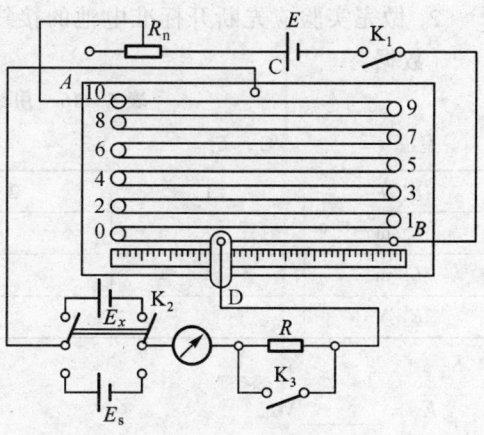

图 5-23 十一线电势差计

## 二、标准电池

标准电池是由镉-汞化学溶液与特定材料的电极组成的原电池,在恒定温度下具有电动势稳定的特点,标准电池的电动势随温度变化的规律为

$$E_s(t) = E_s(20) - [39.94 \times (t-20) + 0.929 \times (t-20)^2 - 0.009\ 0 \times (t-20)^3] \times 10^{-6}\ \text{V}$$

式中 $E_s(20)$ 为 20 ℃时标准电池的电动势,其值 $E_s(20) = 1.018\ 6$ V.

使用标准电池的注意事项为:

1. 标准电池容量很小,只允许通过 1 μA 以下的电流,因此不可作电源使用,并且严禁用电压表或多用表直接测量.
2. 轻拿轻放,尽量避免震动,以免损坏内部的玻璃容器.
3. 注意标准电池的极性.

[步骤]

1. 按照图 5-23 接好电路,注意直流稳压电源 $E$、标准电池 $E_s$ 和待测电池 $E_x$ 的正负极不要接错.

2. 将可变电阻器 $R_n$ 调至适当位置,合上开关 $K_1$.将双刀双掷开关挪向 $E_s$ 一边,调节插头 C 和滑动触头 D 的位置,使检流计指针为零(注意 CD 间电阻丝的长度 $L_s$ 不得超过 7 m,若超过 7 m 应调节 $R_n$,使其小于 7 m,为什么?).合上开关 $K_3$,再次调节滑动触头 D,保持检流计指针为零,记录下 CD 间电阻丝的长度 $L_s$.

3. 保持可变电阻器 $R_n$ 不变,再将双刀双掷开关 $K_2$ 挪向 $E_x$ 一边,调节插头 C 和滑动触头 D 的位置,使检流计指零.合上开关 $K_3$,再次调节滑动触头 D,保持检流计指针为零,记录下 CD 间电阻丝的长度 $L_x$.

4. 微小调节可变电阻器 $R_n$,重复步骤 2、3 五次,按式(5-59)计算出待测电池电动势 $E_x$,并求其平均值.

[注意事项]

1. 线路中直流稳压电源 $E$,标准电池 $E_s$ 和待测电池 $E_x$ 的极性均不可接反.
2. 做完实验应先断开标准电池的接线,再拆除电源接线.

[数据]

表 5-16 用线式电势差计测电池的电动势

室温 $t = $ _____ ℃;$E_s = $ _____ V.

| 次数 | 1 | 2 | 3 | 4 | 5 |
|---|---|---|---|---|---|
| $L_s$/m | | | | | |
| $L_x$/m | | | | | |
| $E_x$/V | | | | | |

$\bar{E}_x = $ _____ V.

[讨论]

1. 工作回路中的电源 $E$ 与待测电池 $E_x$、标准电池 $E_s$ 的大小及极性必须满足什么样的

关系?

2. 为什么用电势差计测量电源电动势或电压要比电压表测得精确?

## 14-Ⅱ 用箱式电势差计测温差电动势

[目的]

1. 掌握用箱式电势差计进行测量的基本方法.
2. 用箱式电势差计测定热电偶温差电动势,为热电偶定标.

[原理]

参阅 14-Ⅰ 原理部分

[仪器]

UJ-31 型电势差计,直流稳压电源,标准电池,检流计,热电偶,温度计.

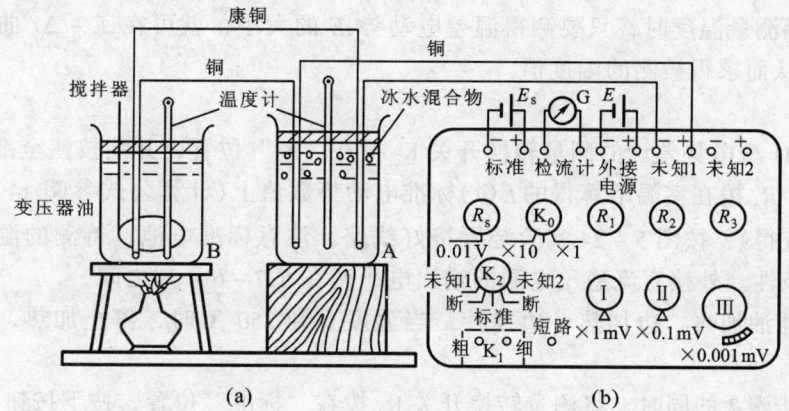

图 5-24 用 UJ-31 型电势差计测定温差电动势实验装置图

### 一、箱式电势差计

UJ-31 型电势差计面板如图 5-24(b)所示. 该仪器是一种测量低电动势的精密仪器. 旋钮 $R_1$、$R_2$、$R_3$ 调节工作电流,其中 $R_1$ 为粗调,$R_2$ 为中调,$R_3$ 为细调. 旋钮 $R_s$ 调节标准电池的电动势温度补偿. 被测电动势数值表示于转盘Ⅰ($\times 1$ mV)、Ⅱ($\times 0.1$ mV)、Ⅲ($\times 0.001$ mV) 上,当电势差计处于补偿状态时,从三个转盘上可读取电动势的数值. 测量转换开关 $K_0$ 有"$\times 1$"和"$\times 10$"两挡,从而使量程既可量取 1 V~17 mV(打在"$\times 1$"挡上),也可量取 10 V~170 mV(打在"$\times 10$"挡上). 测量转换开关 $K_2$ 置在"标准"位置上,作校正电势差计用;置在"未知1"或"未知2"位置上,作测量未知电动势用;置在"断"位置上,作切断补偿回路用. 标有 $K_1$ 的是"粗"和"细"两个按钮,按下"粗"时,有数千欧的保护电阻与检流计串联使用;按下"细"时,保护电阻被短路. 还有一个"短路"按钮,与检流计并联,按下"短路"按钮,摆动的检流计指针便迅速地停下来. 至于上部的 10 个接线柱,各自的作用均已标明其上.

### 二、热电偶

用两种不同金属铜和康铜焊接成闭合回路如图 5-25 所示,当1、2 两端的温度不同时,回路中就会产生温差电动势，就会有电流流动，这种由热能转变为电能的现象称为**热电效应**. 这一对导体的组合就称为**热电偶**. 热电偶的温差电动势 $E$ 决定于两接点的温度差 $t_1 - t_2$，$E$ 与 $(t_1 - t_2)$ 的关系一般相当复杂，在常温下温差电动势的近似公式为

$$E = \alpha(t_1 - t_2)$$

式中 $\alpha$ 为温差热电系数，它表示 1、2 两端的温度差为 1 K 时所产生的电动势，其大小与两种金属的材料有关. 在国际单位制中，温差热电系数的单位为伏[特]每开[尔文]，记为 $V \cdot K^{-1}$.

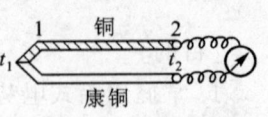

图 5-25 热电效应

温差电动势很小，主要应用于温度测量技术方面. 方法是先对热电偶定标，将冷端 2 放在冰水混合液中，即 $t_2 = 0\ ℃$，热端 1 放在温度 $t_1$ 可以变化的且能测定的容器中，用电势差计测出各个 $t_1$ 所对应的温差电动势 $E$ 的大小，然后根据所得数据，以 $\Delta t (= t_1 - t_2)$ 为横坐标，$E$ 为纵坐标，作出 $E - \Delta t$ 定标曲线.

利用热电偶测量温度时，只要测得温差电动势 $E$ 的大小，就可在 $E - \Delta t$ 曲线上查取相应的温度差 $\Delta t$，从而求得被测的温度值.

[步骤]

1. 将 UJ-31 型电势差计的测量转换开关 $K_2$ 拨在"断"位置，并使按钮全部松开，然后将 $K_0$ 拨在×1挡，$R_s$ 拨在室温下算得的 $E(t)$ 标准电动势数值上（计算公式参阅 14-Ⅰ，或由实验室给出的表格查得）. 按图 5-24 实验装置接好线路，注意标准电池、待测的温差电动势和直流稳压电源的极性. 外接直流稳压电源的输出电压调在 5.7~6.4 V 之间.

2. 对变压器油加热，边加热，边搅拌，当温度升到 250 ℃ 时，停止加热，在冷却过程中进行测量.

3. 在进行步骤 2 的同时，将测量转换开关 $K_2$ 拨在"标准"位置，按下按钮"粗"，利用变阻器 $R_1$（粗）、$R_2$（中）、$R_3$（细），依次调节工作电流，使检流计 G 上通过的电流为零. 再将"细"按钮按下，进一步调节 $R_2$（中）、$R_3$（细），使检流计电流为零，此时工作电流已标准化，即电势差计已调至校正状态.

4. 将测量转换开关 $K_2$ 拨在"未知 1"上，按下按钮"粗"，调节转盘Ⅰ、Ⅱ、Ⅲ，使检流计电流为零. 再将"细"按钮按下，进一步调节转盘Ⅱ、Ⅲ，使检流计电流为零. 这时，转盘Ⅰ、Ⅱ、Ⅲ 上读数之和与转换开关 $K_0$ 上的倍率乘积就是"未知 1"电动势的数值. 同时记录热电偶热端 $t_B$ 和冷端 $t_A$ 的温度值，填入数据表格.

5. 重复步骤 3、4，测出 8 组以上数据. 以 $\Delta t$ 为横坐标，$E$ 为纵坐标，作出热电偶 $E - \Delta t$ 定标曲线. 并用图解法算出温度每升高 1 K 时温差电动势的增值，即温差热电系数 $\alpha$.

[注意事项]

1. 电势差计的调节必须按规定步骤进行. 外接直流稳压电源调至 5.7~6.4 V 之间，不可超过.

2. 线路中极性不可接反.

3. 油的温度很高，实验时注意安全.

4. 做完实验应先断标准电池的连线，再拆除外接电源接线.

[数据]

表 5-17 用 UJ-31 型电势差计测热电偶温差电动势

| $t_A = $ ___ ℃ | | | | | | | |
|---|---|---|---|---|---|---|---|
| $t_B/℃$ | | | | | | | |
| $\Delta t/℃$ ($\Delta t = t_B - t_A$) | | | | | | | |
| $E/mV$ | | | | | | | |

$\alpha = $ _____ mV·K$^{-1}$

[讨论]

1. 实验中如发现检流计总是偏向一边,无法调到平衡,试分析可能有哪些原因?
2. 如何利用 UJ-31 电势差计测定电阻?并简述测试步骤?

# 实验十五 示波器的使用

[目的]

1. 了解示波器的结构和工作原理.
2. 掌握示波器的基本操作方法.
3. 利用示波器观察李萨如图形,学会一种测量简谐振动频率的方法.

[原理]

## 一、示波管的结构和工作原理

示波管的结构示意图如图 5-26 所示. 在灯丝 HH 中通以一定的电流将阴极 K 加热时,阴极 K 就有电子发射出来,这些电子穿过控制栅极 G,在加速区($A_1$、$A_2$、$A_3$)聚焦、加速后,飞向荧光屏上的 P 点,使屏上的荧光物质发光而形成亮点. 调节阳极 $A_2$ 的电压,可以改变 $A_2$ 与 $A_1$、$A_3$ 之间的电场,以改变电子束的收缩程度,从而控制荧光屏上光点直径的大小,这个过程称为**聚焦**.

为了控制荧光屏上亮点的位置,示波管内装有两对相互垂直的偏转板,即 $x$ 轴($x_1$、$x_2$)偏转板和 $y$ 轴($y_1$、$y_2$)偏转板. 如果在偏转板上加有电压,电子束通过偏转板时将受电场力的作用而发生偏转,荧光屏上亮点的位置也随之改变.

如图 5-27 所示,如果在 $x$ 轴偏转板上加一锯齿波电压($y$ 轴偏转板上不加任何电压),这时荧光屏上的亮点由 A 匀速地向 B 移动,到 B 后又马上返回 A,并不断重复这一过程. 我们把电子射线沿 $x$ 轴方向从左到

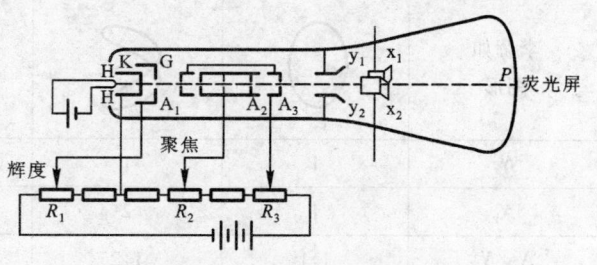

H,H—钨丝加热电极;K—阴极;G—控制栅极;
$A_1$,$A_2$,$A_3$—阳极;$y_1$,$y_2$—垂直偏转板;
$x_1$,$x_2$—水平偏转板

图 5-26 示波管结构示意图

右作匀速的移动过程称为**扫描**. 由于荧光材料具有一定的余辉时间, 于是在荧光屏上呈现出一条水平的扫描的亮线.

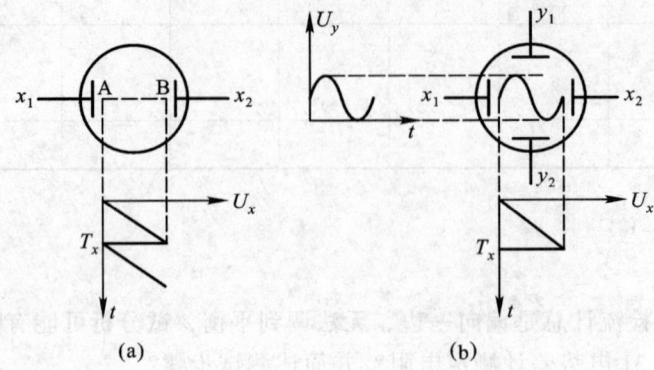

图 5 – 27 扫描原理图

此时再在 $y$ 偏转板上加一正弦交流信号电压, 如图5 – 27(b)所示, 则电子束不仅受到水平电场力的作用, 而且还受到竖直方向的电场力的作用. 若正弦交流信号电压与锯齿波电压的周期完全相同, 或后者是前者的整数倍, 则荧光屏上可显示出一个或整数个完整的正弦波波形. 由此可见, 在 $x$ 偏转板上加一锯齿波电压的情况下, 示波管荧光屏上所显示的波形就是加在 $y$ 偏转板上的待测信号的波形, 这就是示波器显示波形的基本原理.

为了观测幅度不同的信号, 示波器内设有放大和衰减系统, 对输入的小信号进行放大, 对输入的大信号进行衰减, 以便在荧光屏上显示出适中的波形.

### 二、李萨如图形

如果示波器的 $x$、$y$ 轴同时输入的都是正弦交流信号电压, 荧光屏上亮点的轨迹将是两个相互垂直的简谐振动合成的结果. 特别当两个正弦交流信号电压的频率相等或成简单整数比时, 亮点的轨迹为一稳定的曲线, 这种合振动的图形称为**李萨如图形**, 如图 5 – 28 所示.

| $f_y:f_x$ | 1:1 | 1:2 | 1:3 | 2:3 | 2:1 |
|---|---|---|---|---|---|
| 李萨如图形 |   |   |   |   | 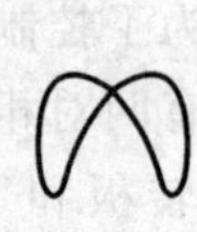  |
| $N_x$ | 1 | 1 | 1 | 2 | 2 |
| $N_y$ | 1 | 2 | 3 | 3 | 1 |
| $N_x:N_y$ | 1:1 | 1:2 | 1:3 | 2:3 | 2:1 |

图 5 – 28 李萨如图形举例

李萨如图形的形状与 $x$、$y$ 轴输入的正弦交流信号的频率之间有一个简单的关系式, 即

$$\frac{f_y}{f_x} = \frac{N_x}{N_y} \tag{5-60}$$

式中 $f_x$、$f_y$ 分别为 $x$、$y$ 轴输入的两个正弦交流信号电压的频率；$N_x$、$N_y$ 分别为 $x$、$y$ 方向切线对李萨如图形的切点数. 利用李萨如图形的这一特征，就可用已知信号电压的频率（如 $f_y$）测量未知信号电压的频率（如 $f_x$）.

[仪器]

示波器，信号发生器.

## 一、示波器

通用示波器的品种较多、型号各异，但基本功能相似. 现以 DF4242（SB—14）型示波器为例，阐明各旋钮和开关的使用方法. DF4242（SB—14）型示波器面板图如图 5-29 所示. SB—10 型示波器和 ST—16 型示波器的使用方法参阅本实验注.

1. **电源** 开关开启，指示灯亮.

2. **辉度** 调此旋钮，用以改变光点或波形的亮度.

3. **聚焦** 调此旋钮，用以改变屏上光点的大小或波形线条的粗细，控制图形的清晰度.

4. **$x(y)$轴移动** 用以调节加在水平（竖直）偏转板上的直流电压的大小和极性，来改变屏上波形左右（上下）的位置.

5. **$x(y)$增幅** 用来调节 $x(y)$ 轴电压放大器的放大倍数，控制被观察波形幅值的变化.

6. **$x(y)$衰减** 当外加信号电压小于 2 V 时，置于 "1"（不衰减）；当外加信号电压超过 2 V 时，旋到 "10"；当外加信号电压超过 20 V 时，旋到 "100". $y$ 轴衰减置于 "50" 时，内部 50 Hz 的电源电压输入到 $y$ 轴，可用来试验示波器能否正常显示波形. $x$ 轴衰减置于 "连续" 或 "触发"，观察波形时，扫描电压分别为连续扫描或触发扫描.

7. **扫描范围** 用于选择扫描范围，置于 "关" 时，扫描停止.

8. **扫描微调** 用于在粗调的扫描频率范围内连续改变扫描频率.

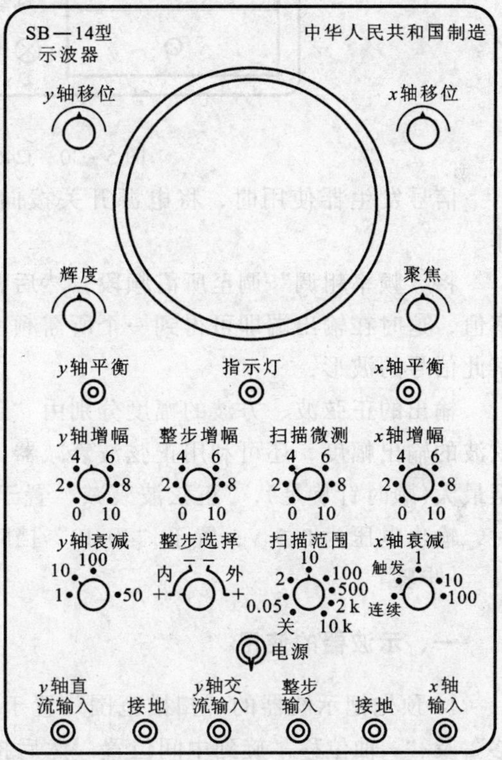

图 5-29 DF4242（SB—14）超低频示波器面板图

9. **整步选择** 用于选择整步信号. 当置于 "内"（"+" 或 "-"）时，整步信号取自 $y$ 轴放大器中间输出极；当置于 "外" 时，应由 "整步输入" 接线柱输入一个整步信号. 整步选择与用来调整整步电压幅度的 "整步增幅" 配合使用，可使屏上图形稳定.

10. **$y$ 轴信号输入** 用以引入被观测信号. "接地" 端钮应与信号接地端相连. 当被测信号是交流信号时，应从 "$y$ 轴交流输入" 接线柱输入；若被测信号是直流或含有直流成分的交流信号，则应从 "$y$ 轴直流输入" 接线柱输入.

## 二、信号发生器

信号发生器有多种型号,其面板、结构及用法各有差异,现以 J2462 低频信号发生器为例介绍信号发生器的使用方法.

J2462 型低频信号发生器的面板图如图 5 - 30 所示. 它是一种多种波形的信号发生器,可以输出在 5 ~ 550 kHz 范围内的正弦波、方波和三角波,输出信号的频率可由 "频率粗调" 和 "频率微调" 旋钮连续调节,并由频率表和 "频率粗调" 旋钮的倍率读出.

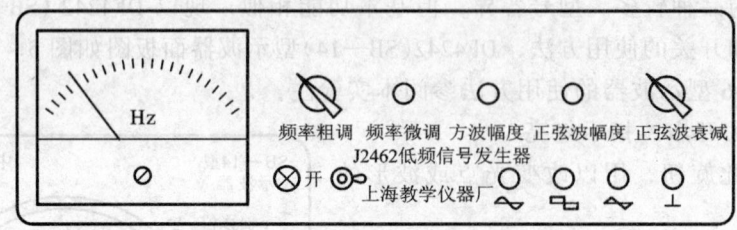

图 5 - 30  J2462 低频信号发生器面板图

信号发生器使用时,将电源开关拨向 "开",指示灯亮,预热 10 min 后,仪器可正常工作.

将 "频率粗调" 调至所需频段,然后调节 "频率细调",使频率表上的指针对准相应的频率值,这时在输出端即可得到一个所需频率的电压信号. 如将输出信号接至示波器上,即可观察此信号的波形.

输出的正弦波、方波的幅度分别由 "正弦波幅度"、"方波幅度" 旋钮调节. 此外,调节正弦波的输出幅度,还可利用正弦波衰减器. 使用正弦波衰减器时,如果 "正弦波幅度" 旋钮旋至最大(顺时针旋足),"正弦波衰减" 置于 "0 dB" 挡时,输出电压为 3 V;置于 "20 dB" 挡时,输出电压为 0.3 V;置于 "40 dB" 挡时,输出电压为 0.03 V.

[步骤]

### 一、示波器的使用

1. 预先把示波器的 "扫描范围" 置于 "100" 挡."x 轴衰减" 置于 "连续" 挡,"x 轴位移" 及 "y 轴位移" 旋到中间位置. 然后接通电源,预热 3 min 后,顺时针方向旋 "辉度" 旋钮,直至显示屏上出现扫描线,调节 "聚焦"、"x 轴增幅"、"x 轴移位"、"y 轴移位" 等旋钮,使扫描线最细,位置居中,长短稍小于显示屏的直径,亮度适中.

2. 观察亮点扫描  "扫描范围" 旋钮由高频率逐步旋到较低频率,每转低一挡都再旋 "扫描微调" 使扫描频率发生改变.

3. 检查 "整步选择" 和 "整步增幅" 的工作情况

(1) 将 "x 轴衰减" 置于 "连续" 挡,"x 轴增幅" 旋到中间位置,"扫描范围" 置于 "10 ~ 100" 挡,这样我们将重新得到沿 x 轴方向的一条扫描亮线.

(2) 将 "整步增幅" 旋到 "0" 位,"整步选择" 置于 "内 +" 挡.

(3) 将 "y 轴衰减" 置于 "50" 挡,50 Hz 的交流市电信号自动接入 y 轴. 这时在荧光屏上将会观察到信号电压随时间变化的图形．由于信号频率不是信号扫描频率的整数倍，所以图形是不稳定的．这时应仔细地调节"扫描微调"旋钮，改变扫描频率，使图形尽可能地稳定下来．然后再将"整步增幅"旋钮顺时针旋转，增加整步电压，最后将图形完全稳定下来．

（4）重复步骤（3），旋转"扫描微调"和"整步增幅"旋钮，使荧光屏上稳定地出现1、2、3、4个完整的信号电压的波形．

### 二、观察信号波形

1．打开信号发生器，将信号发生器"频率粗调"置于"×10"，"正弦波幅度"置于最大，"方波幅度"置于最大，"正弦波衰减"置于"0 dB"．

2．用导线将信号发生器的"正弦波"和"⊥"端钮分别接至示波器的"$y$ 轴输入"和"接地"端钮．

3．调节信号发生器的"频率细调"旋钮，将信号发生器的频率调到 100 Hz．调节示波器的"扫描微调"及"整步增幅"旋钮，使示波器上出现稳定的图形．将该波形记入表 5 – 18 中．

4．用导线将信号发生器的"方波"和"⊥"端钮分别接至示波器的"$y$ 轴交流输入"和"接地"端钮，观察方波的波形，记入表 5 – 18 中．

5．以"三角波"端钮代替"方波"端钮，观察三角波的波形，记入表 5 – 18 中．

### 三、观察李萨如图形

1．将示波器上的"$x$ 轴衰减"置于"10"挡，将"$y$ 轴衰减"置于"50"挡，交流市电信号自动接入 $y$ 轴．这时 $y$ 轴方向的振动频率 $f_y = 50$ Hz．

2．用导线将信号发生器的"正弦波"和"⊥"端钮分别与示波器的"$x$ 轴输入"和"接地"端钮连接．

3．调节信号发生器的输出信号频率，得出不同频率比的李萨如图形．读出信号频率的数值，画出李萨如图形，记入表 5 – 19 中．

[注意事项]

1．为了保护荧光屏不被灼伤，使用示波器时，光点亮度不能太强，而且也不能让光点长时间停在荧光屏的一点上．

2．实验过程中，如果短时间不使用示波器，可将"辉度"旋钮逆时针旋至尽头，使光点消失．不要经常通断示波器，以免缩短示波器的使用寿命．

[数据]

表 5 – 18　信号波形图

| 信　　号 | 波　形　图 |
|---|---|
| 正弦波 | |
| 方　波 | |
| 三角波 | |

表 5-19  不同频率比的李萨如图形

| 频率比 $f_y:f_x$ | $f_y$/Hz | $f_x$/Hz 理论值 | $f_x$/Hz 读数值 | 李萨如图形 |
|---|---|---|---|---|
| 2:1 | 50 | 25 | | |
| 1:1 | 50 | 50 | | |
| 1:2 | 50 | 100 | | |
| 1:3 | 50 | 150 | | |

[讨论]

1. 示波器上图形不断向右跑，扫描频率是偏高还是偏低？
2. 观察李萨如图形时，能否用示波器的"整步"调节将图形稳定下来？

**注：**

## 一、SB—10 型示波器

SB—10 型示波器面板图如图 5-31 所示．

1. $y$ 轴移动  旋转此旋钮就改变了 $y_1$、$y_2$ 偏转板上的直流电压，可使所观察的图形上、下移动．

2. $x$ 轴移动  旋转此旋钮就改变了 $x_1$、$x_2$ 偏转板上的直流电压，可使所观察的图形左、右移动．

3. 辉度  旋转此旋钮就改变了示波器中控制极的电压，使得射到荧光屏上的电子的数目发生变化，因而改变图形的亮度．

4. 聚焦  旋转此旋钮可改变示波器的聚焦电压，使电子射线会聚到一点上，使图形的线条变得更精细．

5. $y$ 轴输入  经此接线柱和接地接线柱将所要观察的信号电压输至 $y_1$、$y_2$ 偏转板．

6. $y$ 轴衰减  如果所输入的信号过大就会引起图形失真，这时便可旋此钮将信号电压衰减. $y$ 轴衰减共分三挡：1、10、100. 指"1"时将信号电压按原大小输入，没有衰减. 指"10"和"100"时分别是将信号电压衰减为原来的 1/10 和 1/100．

7. $y$ 轴增幅  如果信号电压过小，这时就可以利用此旋钮将输入的信号电压放大以便观察．

8. $x$ 轴输入  经此接线柱和接地接线柱可将

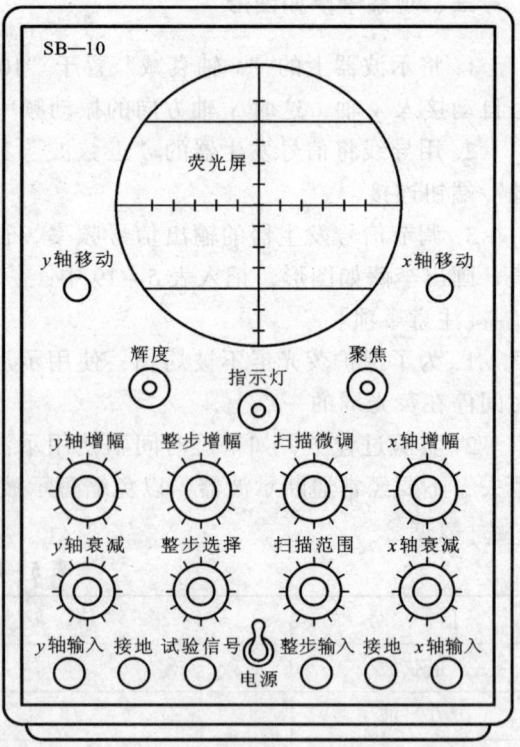

图 5-31  SB—10 型示波器面板图

信号电压输入至 $x_1$、$x_2$ 偏转板.

9. $x$ 轴衰减  作用除与 $y$ 轴衰减三挡相同外,还有"扫描"挡.拨至"扫描"挡时,电子射线将沿 $x$ 轴方向作匀速扫描.

10. $x$ 轴增幅  作用与 $y$ 轴增幅相同.

11. 试验信号  由此接线柱可以输出 6 V、50 Hz 的正弦交流信号电压,可以作为比较或参考信号使用.

12. 扫描范围  用以改变扫描电压的频率范围.共分五挡:10~100、1 k、10 k、100 k、500 k(Hz).

13. 扫描微调  用以对扫描电压的频率作细微调节.

14. 整步选择  此旋钮的作用就是选取一个信号电压作为整步信号."整步选择"共有四挡:

"内+"代表以 $y$ 轴输入的信号电压的正电压作为整步电压,当信号电压达到某一定正值时扫描开始.

"内−"代表以 $y$ 轴输入的信号电压的负电压作为整步电压,当信号电压达到某一定负值时扫描开始.

"电源"代表以 50 Hz 正弦交流电压作为整步电压.此电压取自"试验信号".

"外"代表由示波器外部接入整步信号电压.此电压由"整步输入"接线柱接入.

15. 整步增幅  用此旋钮调节整步信号的电压大小,整步电压不能过小,不能过大.过小将不起作用,过大将引起波形失真.

## 二、ST—16 型示波器

ST—16 型示波器面板如图 5-32 所示.

1. 辉度旋钮  通过改变示波管栅极电势来改变辉度.顺时针方向转动该旋钮,辉度加亮;反之减弱,直至辉度消失.

2. 聚焦旋钮  用以调节示波管中电子束的焦距,使其焦点恰好会聚于屏幕上,此时显现的光点应为清晰的圆点.

3. 辅助聚焦旋钮  与聚焦旋钮配合使用,用以控制光点在有效工作面内的任何位置上,以使散焦最小.

4. 电源开关  当此开关扳向"开"时,指示灯便发出红光,经预热时间后,示波器即可正常工作.

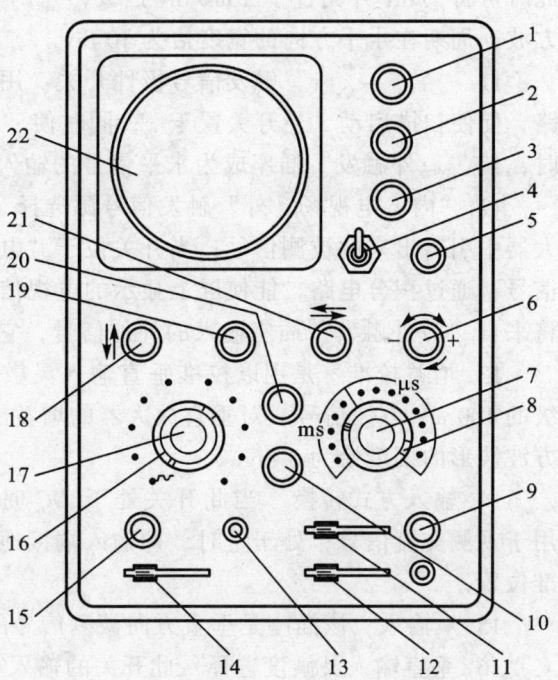

1—辉度旋钮;2—聚焦旋钮;3—辅助聚焦旋钮;4—电源开关;5—指示灯;6—电平旋钮;7—扫描微调旋钮;8—时基选择开关;9—$x$·外触发;10—扫描校准;11—触发信号极性开关;12—触发信号源选择;13—增益校准;14—输入方式转换;15—$y$ 输入;16—垂直输入灵敏度选择;17—$y$ 增益微调;18—垂直移动;19—平衡调节;20—稳定度;21—水平移动;22—荧光屏

图 5-32  ST—16 型示波器面板图

5. 指示灯　指示灯发光,表明电源开关已打开.

6. 电平旋钮　用以调节触发信号波形上触发点的相应电平值,使在这一电平上启动扫描. 顺时针转动该旋钮,则趋向信号波形的正向部分;反之,趋向信号波形的负向部分.

7. 扫描微调旋钮　用以连续调节时基速度,当该旋钮顺时针旋至满度,即处于"校准"状态,此时扫描位于快端,微调扫速的调节范围能大于 2.5 倍.

8. 时基选择开关　通过此开关可获得不同的锯齿波扫描速度(频率),扫描速度的选择范围由 0.1 $\mu$s ~ 10 ms/div 按 1、2、5 进位,分十六个挡级. 使用过程中,可根据被测信号频率的高低,选择适当的挡级. 当扫描微调旋钮处于"校准"状态时,$t$/div 挡级的标称值,即可视为时基扫描速度.

9. $x$·外触发　此为水平信号或外触发信号的输入插座.

10. 扫描校准　此为水平放大器增益的校准装置,用以对时基扫描速度进行校准.

在校准扫速时,可借助于 V/div 开关中"⊓"挡级 100 mV 方波校准信号的周期,其周期的长短直接决定于仪器使用电源电网频率. 例如,电源电网频率 $f$ = 50 Hz,则周期 $T$ = 20 ms,此时可将 $t$/div 开关置于 2 ms/div 挡级,并调节"扫描校准"电位器,使屏上显示一个完整的方波,周期在水平方向的宽度恰为 10 div.

11. "+、−、$x$"触发信号极性开关　用以选择触发信号的上升或下降部分来触发扫描电路,促使扫描启动. 当开关置于 $x$,同时使"内、电视场、外"触发信号源选择开关置"外"时,使"$x$·外触发"插座成为水平信号的输入端.

12. "内、电视场、外"触发信号源选择　当此开关位于"内"时,触发信号取自垂直放大器中引离出来的被测信号;当开关位于"电视场"时,是将取自垂直放大器中的被测电视信号,通过积分电路,能使屏上显示的电视信号与场频同步;当开关位于"外"时,触发信号将来自"$x$·外触发"插座输入的外加信号,它与垂直被测信号应当具有相应的时间关系.

13. 增益校准　是用以校准垂直输入灵敏度的调节装置. 可借助于 V/div 开关中"⊓"挡级的 100 mV 方波信号,对垂直放大器的增益予以校准. 当微调位于校准位置时,屏上显示的方波波形的幅度恰为 5 div.

14. 输入方式转换　当此开关处于 $DC$ 时,用于观测各种缓慢变化的信号;处于 $AC$ 时,用于观测交流信号;处于⊥时,即输入端接地,是为了确定输入为零电位时,光迹在屏上的基准位置.

15. $y$ 输入　该插座是垂直方向被测信号的输入端,所观测的信号电压应从这里输入.

16. 垂直输入灵敏度选择　此开关的输入灵敏度自 0.02 V/div ~ 10 V/div,按 1、2、5 进位分九个挡级,可根据被测信号的电压幅度,选择适当的挡级位置,以便于观测.

当微调旋钮位于校准位置时,V/div 挡级的标称值便可视为示波器的垂直输入灵敏度.

17. $y$ 增益微调　此旋钮用以连续改变垂直放大器的增益. 当旋钮顺时针旋足,亦即处于校准位置时,增益为最大. 其微调范围≥2.5 倍.

18. 垂直移动　用以调节屏幕上光点或信号波形在垂直方向上的位置. 在顺时针转动该旋钮时,光点或信号波形向上移动;反之下移.

19. 平衡调节　使 $y$ 轴输入信号在不同的垂直放大时,其波形均处于中央水平线对称位置.

20. **稳定度** 顺时针旋转该旋钮,使屏上出现水平的扫描亮线;再小心缓慢地逆时针方向旋转该旋钮,使扫描线刚消失为一个光点.此时扫描电路便处于待触发状态.

21. **水平移动** 用以调节屏上光点或信号波形的水平方向上的位置.当顺时针转动该旋钮时,光点或信号向右移动;反之左移.

22. **荧光屏** 用以显示光点或各种信号.

## 实验十六 用霍耳元件测磁场

[目的]
1. 理解霍耳效应的原理.
2. 学习用霍耳元件测量螺线管磁场沿轴线的分布.

[原理]

将一块长为 $a$、宽为 $b$、厚为 $d$ 的 N 型半导体(导电载流子为电子)薄片放在均匀的磁场中,并使薄片的平面垂直于磁感强度 $B$ 的方向,如图 5-33 所示.如果沿薄片的 $x$ 轴正方向通以电流 $I$,那么薄片内以速度 $v$ 沿 $x$ 轴负方向运动的电子将受到洛伦兹力的作用.洛伦兹力的大小 $F_B = evB$,方向沿 $y$ 轴的负方向.此力使电子产生偏转,在 $y$ 方向的前后端面上积聚有电荷,形成了一个沿 $y$ 轴负方向的电场,该电场称为**霍耳电场**.前后两端产生的电势差称为**霍耳电压**.这一现象称为**霍耳效应**.

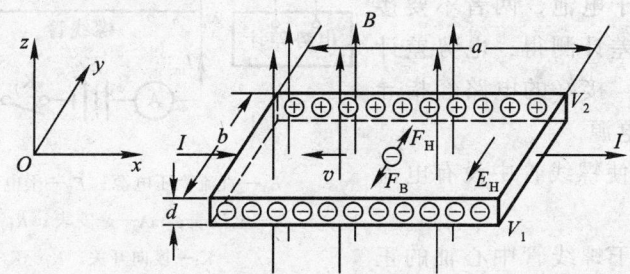

图 5-33 霍耳效应原理图

随着端面上电荷的不断积累,相应的电场也不断增强.霍耳电场 $E_H$ 对电子作用力的大小 $F_H = eE_H$,方向沿 $y$ 轴正方向.当电子所受的电场力和洛伦兹力相平衡时,前后端面上电荷积累达到稳定状态,此时有

$$eE_H = evB$$

即

$$E_H = vB \tag{5-61}$$

霍耳电压 $U_H$ 为

$$U_H = V_1 - V_2 = -E_H b = -vBb \tag{5-62}$$

根据金属导电的经典电子理论,电流 $I$ 为

$$I = evnbd \tag{5-63}$$

式中 $n$ 为单位体积内的载流子数.由式(5-62)和式(5-63)可得

$$U_H = -\frac{IB}{end} = K_H IB \tag{5-64}$$

式中 $K_H = -\dfrac{1}{end}$ 称为**霍耳元件的灵敏度**. 它表征了霍耳元件在单位磁感强度的磁场中, 流过单位电流时, 霍耳电压的大小. 在国际单位制中, 其单位为毫伏每毫安特[斯拉], 记为 $mV \cdot mA^{-1} \cdot T^{-1}$.

如果霍耳元件选用 P 型半导体材料制作, 则参加导电的是空穴, 式(5-64)中的 $K_H = \dfrac{1}{end}$.

式(5-64)表明, 霍耳电压正比于工作电流 $I$ 和磁感强度 $B$ 的大小. 其方向既取决于工作电流 $I$ 的方向, 又取决于磁感强度 $B$ 的方向.

将式(5-64)改写为

$$B = \frac{U_H}{K_H I} \tag{5-65}$$

由上式可见, 在已知霍耳元件的灵敏度 $K_H$ 的情况下, 只要测量霍耳元件的工作电流 $I$ 和霍耳电压 $U_H$, 就可算出待测磁感强度 $B$ 的大小.

[仪器]

霍耳元件测螺线管磁场装置, 电势差计, 滑线变阻器, 直流稳压电源, 干电池, 毫安表, 电流表, 换向开关, 单刀开关.

[步骤]

1. 按图 5-34 接好电路. $E_1$ 是供给螺线管线圈产生磁场的直流稳压电源, $E_2$ 是供给霍耳元件工作的干电池, 两者不要接错. 霍耳电压由电势差计测得, 电势差计的使用参考实验十四. 接好的电路经指导教师检查后方可接通电源.

2. 断开开关 $K_1$, 使螺线管中没有电流通过, 即磁场为零.

3. 将霍耳元件置于螺线管中心轴的正中位置. 调节滑线变阻器 $R_2$, 使霍耳元件的工作电流 $I$ 在规定的数值之间(由实验室给出). 据式(5-64)可知, 因为此时没有磁场, 所以霍耳电压 $U_H = 0$, 但是由于霍耳元件电压引线焊接点位置不完全对称等原因, 可能存在着一定电压, 记为 $U_{H0}$, 这可用电势差计测得.

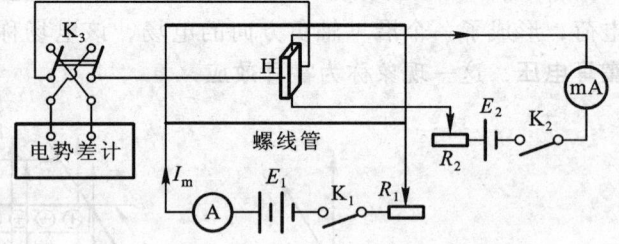

$E_1$—直流稳压电源; $E_2$—干电池; H—霍耳元件;
A—电流表; mA—毫安表; $R_1$, $R_2$—滑线变阻器;
$K_3$—换向开关; $K_1$, $K_2$—单刀开关

图 5-34 用霍耳元件测量磁场的电路图

4. 合上开关 $K_1$, 使螺线管线圈通以一定数值的励磁电流 $I_m$ (由实验室给出), 测出霍耳电压 $U'_H$, 则修正后的霍耳电压值 $U_H = U'_H - U_{H0}$. 再由式(5-65)算出磁感强度 $B$ 的大小.

5. 保持螺线管的励磁电流 $I_m$ 不变, 改变霍耳元件的位置, 重复步骤 4 进行测量.

6. 以霍耳元件的位置为横坐标, 以磁感强度 $B$ 的大小为纵坐标, 作出螺线管的磁场沿中心轴的分布图形.

[注意事项]

1. 霍耳元件的工作电流 $I$ 不得超过额定值(由实验室给出), 否则将损坏霍耳元件. **决不能将直流稳压电源 $E_1$ 当作 $E_2$ 误接到霍耳元件上, 否则霍耳元件立即烧毁.**

2. 本实验遇到电势差计调不到补偿状态(即检流计不能为零)时, 如检查接线无误, 可能

是 $U_H$ 两端接线接反了, 请将换向开关 $K_3$ 换向.

3. 螺线管出口处, 磁场显著减小, 应多测几点, 便于作图.

[数据]

霍耳元件工作电流 $I =$ _____ mA;

励磁电流 $I_m =$ _____ A;

霍耳元件灵敏度 $K_H =$ _____ mV·mA$^{-1}$·T$^{-1}$;

磁场为零时的霍耳电压 $U_{H0} =$ _____ mV.

表 5-20 测量螺线管磁场沿中心轴的分布

| $x$/cm | | | | | | | |
|---|---|---|---|---|---|---|---|
| $U'_H$/mV | | | | | | | |
| $U_H$/mV | | | | | | | |
| $B$/T | | | | | | | |

[讨论]

1. 当磁感应强度 $B$ 与霍耳元件 $ab$ 平面不完全正交时, 测量值比实际值大还是小? 为什么?

2. 若电势差计各接头无误, 而在测量霍耳电压时, 检流计的指针总向一边偏, 这是什么原因?

# 实验十七 光 的 干 涉

[目的]

1. 观察光的等厚干涉现象.
2. 用牛顿环测量平凸透镜的曲率半径.
3. 掌握读数显微镜的使用方法.

[原理]

牛顿环装置是由曲率半径较大的平凸透镜与平面玻璃组成, 如图 5-35 所示. 在透镜的凸面和平面玻璃之间形成一层空气薄膜, 厚度从中心接触点到边缘逐渐增加. 当平行的单色光垂直入射时, 入射光将在此薄膜上下两表面反射, 产生具有一定光程差的两束相干光. 由于透镜的一面为球面, 所以光程差相等的各点连起来的轨迹是一个以接触点为中心的圆, 因此形成的干涉条纹是以接触点为圆心的一系列明暗相间的同心圆环, 如图 5-36 所示. 这一现象是牛顿发现的, 故称这些环纹为**牛顿环**.

设 $R$ 为平凸透镜的曲率半径, $r$ 为牛顿环某环的半径, $e$ 为半径 $r$ 处空气薄膜的厚度, $\lambda$ 为入射光的波长. 透镜下表面所反射的光 1 与玻璃平板上表面所反射的光 2 发生干涉, 两束光的光程差为

$$\Delta = 2e + \frac{\lambda}{2} \tag{5-66}$$

式中 $\frac{\lambda}{2}$ 为附加光程差, 这是由于反射光 2 从光疏介质(空气)入射到光密介质(玻璃), 反射时有

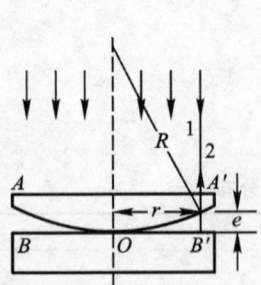 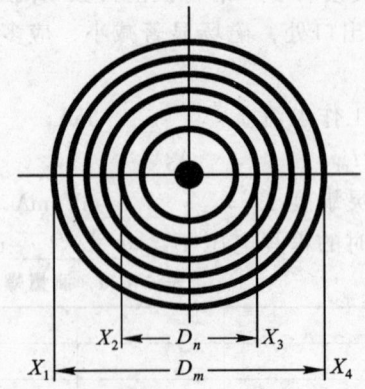

图 5-35　牛顿环光路图　　　　　图 5-36　牛顿环

半波损失；而反射光 1 是从光密介质(玻璃)入射到光疏介质(空气)，反射时无半波损失而引起的．

由图 5-35 中的几何关系可得

$$r^2 = R^2 - (R-e)^2 = 2Re - e^2$$

由于 $e \ll R$，所以 $e^2 \ll 2Re$，可将 $e^2$ 从上式中略去，即

$$e = \frac{r^2}{2R} \tag{5-67}$$

将式(5-67)代入式(5-66)，得

$$\Delta = \frac{r^2}{R} + \frac{\lambda}{2}$$

根据光的干涉条件，当

$$\Delta = \frac{r^2}{R} + \frac{\lambda}{2} = (2k+1)\frac{\lambda}{2}, \quad k = 0, 1, 2, \cdots$$

时，干涉条纹为暗纹，于是得

$$r^2 = kR\lambda, \quad k = 0, 1, 2, \cdots \tag{5-68}$$

由上式可见，当 $k=0$ 时，$r=0$，接触点为暗点．在已知单色光波长 $\lambda$ 的情况下，只要测量暗环的半径 $r$ 和暗环的级数 $k$，就可算出透镜的曲率半径 $R$．但由于接触点处机械压力引起玻璃的形变，以及接触点处不十分干净，使得接触点不可能是一个理想点，而是一个明暗不清的模糊圆斑．它的边缘所对应的级数无法确定，每一暗环对应的级数也无法确定．为此我们通常取两个暗环直径的平方差来计算 $R$．

设第 $m$ 级暗环和第 $n$ 级暗环的直径分别为 $D_m$ 和 $D_n$，据式(5-68)，有

$$D_m^2 = 4mR\lambda$$
$$D_n^2 = 4nR\lambda$$

将两式相减，得

$$D_m^2 - D_n^2 = 4(m-n)R\lambda$$

或

$$R = \frac{D_m^2 - D_n^2}{4(m-n)\lambda} \tag{5-69}$$

上式表明，**两暗环直径的平方差只与它们相隔几个暗环的数目$(m-n)$有关，而与它们各自的级别无关**．因此我们测量时，就可以用环数代替级数．用这种方法不但解决级数无法确定的困难，而且消除了由于接触点形变及微小灰尘产生的附加光程差．

由上式可见，在已知单色光波长 $\lambda$ 的情况下，只要测出第 $m$ 条暗环的直径 $D_m$，第 $n$ 条暗环的直径 $D_n$ 和环数差$(m-n)$，即可计算出透镜的曲率半径 $R$．

〔仪器〕

读数显微镜，牛顿环，钠光灯．

读数显微镜是一种测量物体微小尺寸或微小距离变化的仪器，其结构见图 5-37 主体部分，它是由一个带十字叉丝的显微镜和一个螺旋测微装置所组成．

显微镜包括目镜、十字叉丝和物镜．整个显微镜系统与套在测微螺杆的螺母管套相固定．旋转测微鼓轮，就能使测微螺杆转动，它就带着显微镜一起移动．移动的距离可由主尺和测微鼓轮读出，显微镜丝杆的螺距为 1 mm，测微鼓轮的圆周刻有 100 分格，分度值为 0.01 mm．

〔步骤〕

### 一、调整测量装置

1. 按图 5-37 放置好仪器，开启钠光灯 4，使其发出的光$(\lambda = 589.3$ nm$)$射到与水平成 45°角的玻璃片 7 上，经反射后，垂直入射到牛顿环装置上．

2. 旋转显微目镜 3，使能清晰地看到十字叉丝像．

3. 移动读数显微镜及调节 45°玻璃片 7，使显微镜目镜中视场明亮．

4. 转动调焦手轮 2，先将显微镜的物镜降到靠近牛顿环装置附近，然后缓慢而又小心地自下而上调节镜筒，直到目镜中同时看到清晰的叉丝和牛顿环的像为止．

5. 转动测微鼓轮 1，或使牛顿环装置稍微移动，使目镜中的十字叉丝与牛顿环中心大致重合．

### 二、观察干涉条纹的特征

观察牛顿环中心是暗点还是亮点，还是一个模糊不清的圆斑，条纹形状、条纹间距等，并对观察到的现象作出解释．

### 三、测量凸透镜的曲率半径

1. 转动测微鼓轮 1，使显微镜移动，观察十字叉丝是否有一条与镜筒移动方向垂直，而

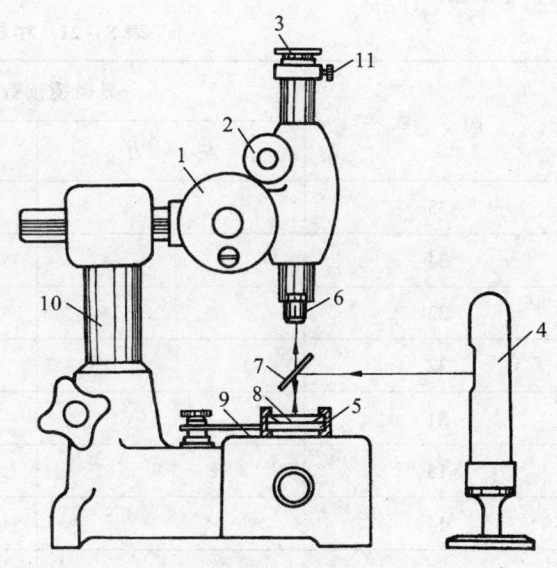

1—测微鼓轮；2—调焦手轮；3—目镜；4—钠光灯；
5—平面玻璃；6—物镜；7—45°玻璃片；8—平凸透镜；9—载物台；10—支架；11—锁紧螺钉

图 5-37 测量牛顿环装置图

另一条与镜筒移动方向平行,若不符,则旋松锁紧螺钉 11,适当转动目镜,使之达到上面所述的工作状态.

2. 转动测微鼓轮 1,先使显微镜筒向左移动,依顺序数到第 40 环,然后反向转到第 35 环,使叉丝与环的外侧相切,如图 5 - 38 所示,记录数据. 继续转动鼓轮,使叉丝依次与第 34 环到第 31 环、第 15 环到第 11 环的外侧相切,顺次记下各环的读数,再继续转动测微鼓轮,使叉丝依次与圆心右方第 11 环到 15 环、第 31 环到第 35 环的内侧相切,顺次记下各环的读数,记入表 5 - 21 中. 为避免空程误差,在整个测量过程中,测微鼓轮绝对不能反转,否则要重测.

3. 由左、右侧的读数算出各暗环的直径,为了提高测量的准确性,采用逐差法处理数据(参看 §2 - 5). 将第 35

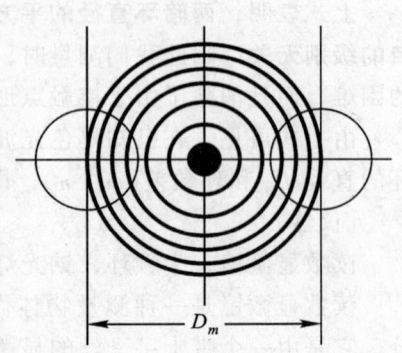

图 5 - 38 测量暗环直径示意图

环与第 15 环、第 34 环与 14 环……第 31 环与第 11 环组合,求出 $D_m^2 - D_n^2$ 的平均值,最后代入式(5 - 69),求出凸透镜的曲率半径 $R$.

[注意事项]

1. 在测量中,测微鼓轮只能向一个方向旋转,否则会因螺母与丝杆之间的螺纹间隙而使测量产生空程误差.

2. 在测量牛顿环直径时,注意左右两侧的环数不要数错,且十字叉丝中心应过牛顿环暗纹的中心.

[数据]

表 5 - 21 牛顿环直径的测量

| 圈 数 | 显微镜读数/mm | | 环直径 $D$/mm |
|---|---|---|---|
| | 左 方 | 右 方 | |
| 35 | | | |
| 34 | | | |
| 33 | | | |
| 32 | | | |
| 31 | | | |
| 15 | | | |
| 14 | | | |
| 13 | | | |
| 12 | | | |
| 11 | | | |

表 5-22  用逐差法计算透镜的曲率半径

| 组　　合 | $D_m^2 - D_n^2/\text{mm}^2$ |
|---|---|
| 31 与 11 |  |
| 32 与 12 |  |
| 33 与 13 |  |
| 34 与 14 |  |
| 35 与 15 |  |
| 平　　均 |  |

$$R = \frac{\overline{D_m^2 - D_n^2}}{4(m-n)\lambda} = \underline{\qquad}\text{mm}.$$

[讨论]

1. 在测量时,若实际测量的是弦,而不是牛顿环直径,对结果有何影响?
2. 实验中如何使十字叉丝的水平丝与镜筒移动方向平行?若与镜筒移动方向不平行,对测量有何影响?

# 实验十八　分光计的调节和使用　用光栅测波长

[目的]

1. 了解分光计的结构,掌握其使用方法.
2. 学会用透射光栅测光波波长.

[原理]

由许多平行等距的相同单缝构成的光学元件称为**光栅**. 常用的透射光栅可以是在一块透明的玻璃上刻出大量排列均匀、相互平行的刻痕. 该刻痕为不透光部分,刻痕之间为透光部分. 设刻痕宽度为 $b$,透光狭缝宽度为 $a$,则 $d = a + b$ 称为**光栅常量**,它是描述光栅性能的一个重要的参量.

当单色平行光垂直照射在透射光栅平面上时,根据光栅衍射方程,衍射光谱中明纹条件为

$$(a+b)\sin\varphi_k = k\lambda, \quad k = 0, \pm 1, \pm 2, \cdots \quad (5-70)$$

式中 $\lambda$ 为入射光的波长;$k$ 为明纹级数;$\varphi_k$ 为 $k$ 级明纹的衍射角.

当入射光为白光时,由式(5-70)可见,对不同波长 $\lambda$ 的光,其衍射角 $\varphi_k$ 并不同,中央明纹($k=0$)是各色光零级明纹的重叠,呈白色. 其两侧对称地分布着 $k = \pm 1, \pm 2, \cdots$ 各级光谱. 每级光谱都按波长大小顺序依次排成一组彩色谱线,从而把复色光分解成单色光. 图 5-39 为汞灯的光栅衍射光谱示意图.

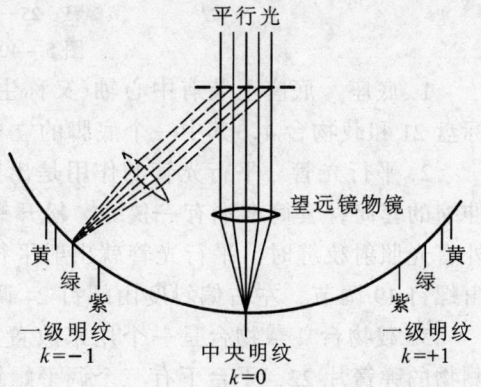

图 5-39　汞灯的光栅衍射光谱示意图

由式(5-70)可见,在已知光栅常数$(a+b)$的情况下,只要测出第 $k$ 级明纹所对应的衍射角 $\varphi_k$,就可算出该明纹对应的单色光的波长.

[仪器]

分光计,透射光栅,汞灯.

分光计是用来精确地测量角度的仪器.虽然型号多样,其结构总是由底座、平行光管、载物台、望远镜和读数装置五部分组成.下面以JJY型分光计为例介绍分光计的结构,如图5-40所示.

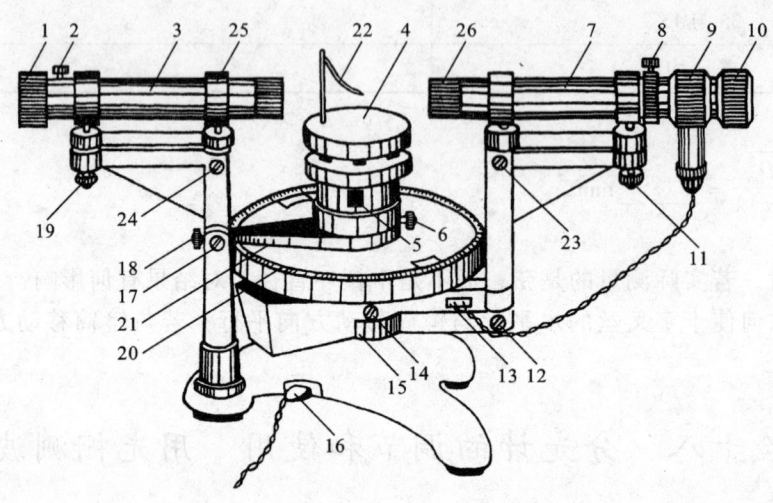

1—狭缝宽度调节手轮;2—狭缝装置锁紧螺钉;3—平行光管;4—载物台;5—载物台调平螺钉(3只);6—载物台锁紧螺钉;7—望远镜;8—目镜锁紧螺钉;9—阿贝式自准直目镜;10—目镜调节手轮;11—望远镜水平度调节螺钉;12—望远镜微调螺钉;13—照明器插座;14—望远镜与刻度盘联结螺钉;15—望远镜锁紧螺钉(在另一侧);16—分光计底座插座;17—游标盘微调螺钉;18—游标盘止动螺钉;19—平行光管水平度调节螺钉;20—刻度盘;21—游标盘;22—夹持待测物的弹簧片;23—望远镜左右偏斜度调节螺钉;24—平行光管左右偏斜度调节螺钉;25—平行光管物镜;26—望远镜物镜

图5-40 JJY型分光计的结构图

1. 底座 底座上装有中心轴(又称主轴),轴上装有可绕轴转动的望远镜7、刻度盘20、游标盘21和载物台4,其中一个底脚的立柱上装有平行光管3.

2. 平行光管 平行光管的作用是出射平行光.它的一端装有物镜25,另一端装有一个可伸缩的套筒,套筒末端有一狭缝.松开螺钉2,伸缩套筒可把狭缝调到物镜的焦平面上,当管外有光照射狭缝时,平行光管就出射平行光.狭缝的宽度可由手轮1调节,平行光管的水平度由螺钉19调节,左右偏斜度由螺钉24调节.

3. 载物台 载物台是一个用来放置棱镜、光栅和其它光学元件的平台.平台上有夹持待测物的弹簧片22.平台下有三个调平螺钉5,可以调节载物台的水平度.当松开螺钉6时,载物台可单独绕仪器的主轴转动或升降.如拧紧螺钉6,载物台可与游标盘21固定在一起.螺钉18用以固定游标盘的位置,然后调节螺钉17使之微动.

4．望远镜　如图 5-41 所示，望远镜由物镜、分划板 M、全反射棱镜 c、目镜 d 和光源 e 组成．由光源 e 发出的光，经全反射棱镜 c 照亮十字透光窗 g，十字透光窗 g 和分划板 M 上的刻线在同一平面上，当它们正好处在物镜的焦平面时，则发出的光通过物镜后成为平行光束，射向反射平面 f．如果此反射平面与望远镜的光轴垂直，则反射光再次通过物镜，会聚在焦平面（即十字 g 所在平面）上，形成十字反射像．这时十字 g 和它的反射像分居于光轴的上下，并对称于光轴，观测者可以从望远镜观察到 5-42 所示的图像．

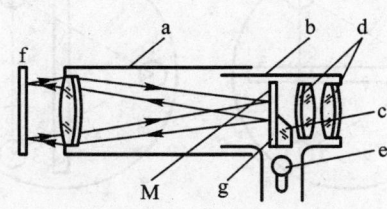

a—物镜圆筒；b—套筒；c—全反射棱镜；
d—目镜；e—光源；f—反射平面；
g—十字；M—分划板
图 5-41　阿贝式自准直望远镜

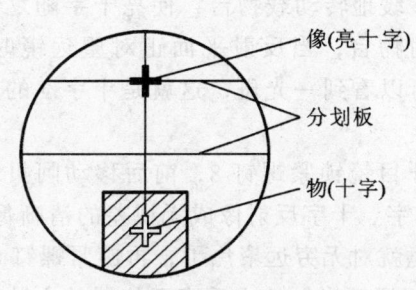

图 5-42　望远镜观察到的物和像

当旋紧螺钉 14，望远镜的支架和刻度盘 20 固定在一起，可绕仪器主轴旋转，其角位置可从游标读数装置上读出．松开螺钉 14，望远镜与刻度盘可以相对转动．如果拧紧螺钉 15，借助微调螺钉 12，可以对望远镜的角位置进行微调．

望远镜的水平度可由螺钉 11 调节，左右偏斜度由螺钉 23 调节．松开目镜锁紧螺钉 8，阿贝目镜 9 可以沿光轴移动或转动．目镜 d 和分划板 M 的相对位置可由手轮 10 调节．

5．读数装置　读数装置由刻度盘 20 和游标盘 21 组成，它们分别套在主轴上．在同一直径的两端各装一个游标读数装置，这样可以消除因刻度盘中心和仪器主轴中心不重合所引起的偏心差．刻度盘分为 360°，最小刻度为半度（30′），小于半度则利用游标读数．游标上刻有 30 小格，与刻度盘上 29 个小格等长，故刻度盘上 1 小格与游标上 1 小格之差 1′．因此该游标的分度值为 1′．

[步骤]

一、分光计的调节

为了精确地测量，必须先将分光计调好，调好分光计的标准为

（1）望远镜能接收平行光．

（2）平行光管能出射平行光．

（3）望远镜的光轴和平行光管的光轴与仪器的主轴垂直．在一般情况下，还要使载物台与仪器主轴垂直．

具体调节步骤如下：

1．对照实物熟悉分光计各部分的具体结构和作用．

2．对分光计进行粗调，即用眼睛估测，使载物台、望远镜和平行光管大致垂直于仪器的主轴．

3. 用自准法调节望远镜，使之能接收平行光．

（1）接通电源　将变压器输出 6.3 V 电源插头插在分光计底座插座 16 上．将阿贝目镜照明插头插在照明器插座 13 上．

（2）目镜调焦　旋转目镜手轮 10，使分划板刻线成清晰像．

（3）将双面反射镜放在载物台上，如图 5-43（a）所示．

（4）视线要与望远镜等高，并从望远镜侧面观察，看到反射镜内有一亮十字．然后从望远镜正面观察，缓缓地转动载物台，使亮十字随之移动，继续转动物台，当反射平面正对望远镜时，从望远镜中可以看到一光斑，这就是十字 $g$ 的反射像．

（5）松开目镜锁紧螺钉 8，前后移动阿贝目镜 9，使亮十字、十字反射像成无视差的清晰像．此时，望远镜就对无穷远聚焦了，再旋紧螺钉 8．

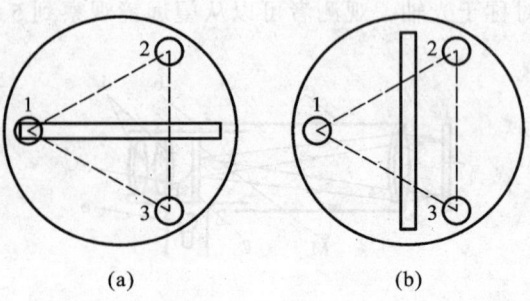

图 5-43　双面反射镜在载物台上的位置

4. 调节望远镜光轴使之垂直于仪器的主轴．

（1）当目镜中看到清晰的十字反射像后，十字反射像一般不在图 5-44（c）所示的准确位置（即与亮十字分划板上方的十字刻线重合），而与分划板上方的十字刻线有一高度差 $h$，如图 5-44（a）所示，这一高度差反映了望远镜光轴不垂直于仪器主轴，为此采用各半调节法．调节载物台调平螺钉 2（或 3），使高度差 $h$ 减少一半，如图 5-44（b）所示；再调节望远镜的水平度螺钉 11，使另一半高度差完全消除，如图 5-44（c）所示．

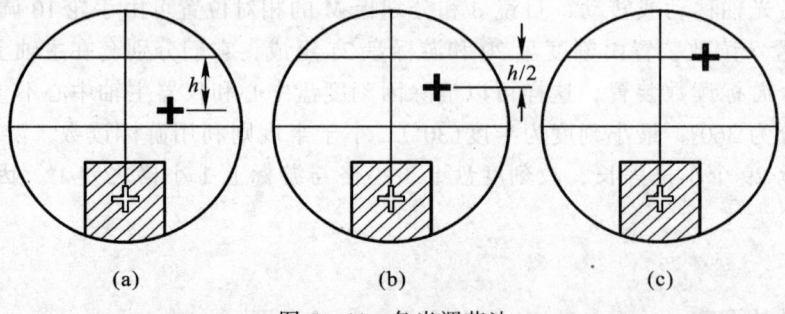

图 5-44　各半调节法

（2）转动载物台，使双面反射镜转 180°．再观察十字反射像与准确位置的刻度差，仍用上述方法，使高度差完全消除．

（3）重复（1）、（2）两步骤，直到望远镜对准双面反射镜正、反两面时，都能在望远镜中观察到十字反射像与准确位置相重合，此时望远镜光轴垂直于仪器的主轴．

5. 调节载物台垂直于仪器的主轴　将双面反射镜旋转 90° 放置，如图 5-43（b）所示．然后将载物台转动 90°，并调节载物台调平螺钉 1（其它两个螺钉不能动），使十字反射像到达准确位置．

6. 将分划板十字刻线调成水平和垂直　当载物台旋转时，观察十字反射像的移动方向是否与准确位置刻线平行，如不平行，则要转动阿贝目镜，使十字反射像的移动方向与准确位置刻线平行．注意不要破坏望远镜的调焦，然后将螺钉8旋紧．

**7. 调节平行光管，使之出射平行光**

（1）从侧面与俯视两个方向用目测法把平行光管的光轴大致调节到与望远镜的光轴相一致．

（2）关闭阿贝目镜的光源，取下载物台上的双面反射镜，打开狭缝，用漫射光照射狭缝．

（3）将望远镜正对平行光管，从望远镜中观察狭缝像．松开螺钉2，调节平行光管狭缝与物镜之间的距离，使在望远镜中看到清晰的狭缝像，而且像与目镜分划板的刻线无视差．此时平行光管出射平行光．然后旋转手轮1，调节狭缝宽度（约0.5 mm）．

（4）旋转狭缝机构，使狭缝与目镜分划板的水平刻线平行，调节螺钉19，使狭缝与目镜视场中心的水平刻线重合．然后再将狭缝转过90°，使狭缝与目镜分划板的垂直刻线重合．此时平行光管的光轴与望远镜的光轴同轴，且都与仪器主轴垂直．

## 二、用光栅测波长

1. 如图5-45所示，将光栅放置在载物台上．注意光栅的刻痕面应与平行光管相对．
2. **调节光栅位置**  调节光栅位置应达到下述要求．

（1）入射光垂直射到光栅表面  接通阿贝目镜光源，观察光栅平面反射回来的十字像．用自准法调节光栅平面与望远镜光轴相垂直（注意：望远镜已调好，不能再动）．调节载物台调平螺钉3（或2），使从光栅平面反射回来的十字像达到准确位置（图5-42）．固定载物台．

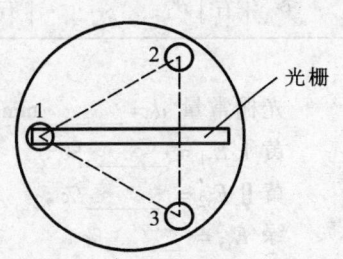

图5-45  光栅在载物台上的位置

（2）光栅刻痕与平行光管的狭缝平行  转动望远镜，观察衍射光谱的分布情况，注意中央明纹两侧的衍射光谱是否在同一水平面内．如果有高低的变化，表明光栅刻痕与狭缝不平行．调节载物台调平螺丝1，直到中央明纹两侧的衍射光谱在同一水平面上为止．

3. **测汞灯各光谱的衍射角**

（1）由于衍射光谱对中央明纹是对称的，所以 $+k$ 和 $-k$ 级光谱之间夹角的一半为该级光谱的衍射角．此处取 $k=1$，先将望远镜对准中央明纹，然后转到 $k=+1$ 处，对准第一级光谱线的第一条谱线，固定望远镜．

（2）旋紧螺钉15，借助微调螺钉12，微调望远镜位置，使分划板的垂直刻线对准该谱线，从左、右游标上读取数据，记录在表5-23中．

（3）松开螺钉15，移动望远镜，依次对准第一级光谱线的第二条谱线，第三条光谱线，……，并读取数据．

（4）同理，测量 $k=-1$ 处的各条谱线的数据．

4. 记录光栅常量 $d$（由实验室给出），将光栅常量 $d$ 和衍射角 $\varphi$ 代入式(5-70)，求出波长，并与公认值（参见附表X）进行比较，分析误差大小．

[注意事项]

1. 分光计各部分的调节螺钉比较多，在不清楚这些螺钉的作用与用法前，请不要乱旋硬板，以免损坏仪器.

2. 请勿用手触摸光栅表面. 如要移动光栅，请拿金属基座.

3. 肉眼不要长时间直视汞灯，以免被紫外线灼伤眼睛.

[数据]

表 5-23 用光栅测波长

|  |  | $k=+1$ 光谱位置 |  | $k=-1$ 光谱位置 |  | $\varphi_1 = \frac{1}{4}(|\theta_2-\theta_1|+|\theta'_2-\theta'_1|)$ | $\lambda/\text{nm}$ |
|---|---|---|---|---|---|---|---|
| 黄 I | 左 | $\theta_1$ | 左 | $\theta_2$ | | | |
| | 右 | $\theta'_1$ | 右 | $\theta'_2$ | | | |
| 黄 II | 左 | $\theta_1$ | 左 | $\theta_2$ | | | |
| | 右 | $\theta'_1$ | 右 | $\theta'_2$ | | | |
| 绿 | 左 | $\theta_1$ | 左 | $\theta_2$ | | | |
| | 右 | $\theta'_1$ | 右 | $\theta'_2$ | | | |

光栅常量 $d =$ _____ mm；

黄 I $E_{r1} =$ _____ %；

黄 II $E_{r2} =$ _____ %；

绿 $E_{r3} =$ _____ %.

[讨论]

1. 通过分光计的调节，掌握了哪几种光学仪器的调节方法？
2. 用光栅测波长，对分光计的调节有什么要求？

## 实验十九　用最小偏向角法测折射率

[目的]

1. 进一步熟悉分光计的调节和使用.
2. 学会用最小偏向角法测三棱镜的折射率.

[原理]

### 一、用反射法测三棱镜顶角

如图 5-46 所示，由平行光管射出的平行光照在三棱镜顶角 $\alpha$ 上，经两折射面反射后，望远镜在位置 I 和位置 II 处可分别观察到反射光. 若望远镜从位置 I 到位置 II 所转过的角度为 $\varphi$，由几何关系和反射定律可得

$$\alpha = \frac{1}{2}\varphi \tag{5-71}$$

由上式可见，只要测出 $\varphi$ 角，就可算出三棱镜的顶角 $\alpha$.

## 二、用最小偏向角法测三棱镜的折射率

如图 5－47 所示，入射光线 AB 与出射光线 CD 之间的夹角称为**偏向角**. 对一定的三棱镜，偏向角 $\delta$ 随入射角的变化而变化. 当入射角为某一特定值时，偏向角 $\delta$ 最小，该偏向角称为**最小偏向角**，记为 $\delta_{\min}$.

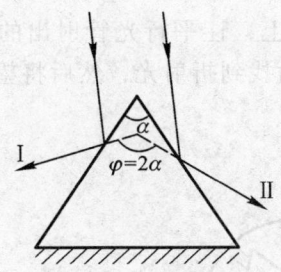

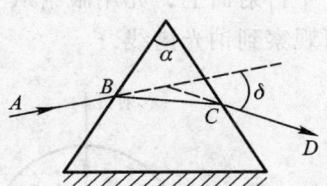

图 5－46　反射法测三棱镜顶角　　　　　图 5－47　三棱镜的折射

根据折射定律可求出三棱镜的折射率 $n$ 与最小偏向角 $\delta_{\min}$ 的关系的

$$n = \frac{\sin\frac{\alpha + \delta_{\min}}{2}}{\sin\frac{\alpha}{2}} \tag{5－72}$$

由上式可见，只要测出三棱镜的顶角 $\alpha$ 和某波长光线的最小偏向角 $\delta_{\min}$，就可算出三棱镜对该波长光线的折射率.

[仪器]

分光计，钠光灯，三棱镜.

[步骤]

## 一、调节分光计

调节方法见实验十八. 本实验中调节的要求为：

1．使望远镜能接收平行光.

2．平行光管能出射平行光.

3．望远镜的光轴和平行光管的光轴与仪器主轴相垂直. 还要使载物台平面与仪器的主轴相垂直.

## 二、反射法测量三棱镜顶角

1．把钠光灯放在平行光管后数厘米处，接通钠光灯电源. 用望远镜正对平行光管，使能看到清晰的狭缝像. 然后如图 5－46 所示，将三棱镜放在载物台上（注意三棱镜的顶角应放在靠近载物台中心）. 让平行光管射出的平行光照在三棱镜顶角上. 观察者先用眼睛在两个折射面上分别寻找反射光的位置Ⅰ和位置Ⅱ，如图 5－46 所示.

2．将望远镜分别转至位置Ⅰ和位置Ⅱ处，微调望远镜位置，使垂直刻线对准平行光管的

狭缝像,并分别从左右游标上读取在位置Ⅰ和位置Ⅱ处的角度 $\theta_1$、$\theta'_1$ 和 $\theta_2$、$\theta'_2$,记录在表 5-24 中.

3. 按 $\alpha = \frac{1}{4}(|\theta_2 - \theta_1| + |\theta'_2 - \theta'_1|)$ 计算出三棱镜的顶角 $\alpha$.

4. 重复测量五次,求出三棱镜顶角的平均值 $\bar{\alpha}$.

### 三、测量三棱镜的最小偏向角

1. 如图 5-48 所示的大致方位,将三棱镜放置在载物台上,让平行光管射出的平行光照射在三棱镜的一个折射面上,先用眼睛从三棱镜的另一折射面找到折射光,然后将望远镜移到该位置上,即可观察到钠光谱线.

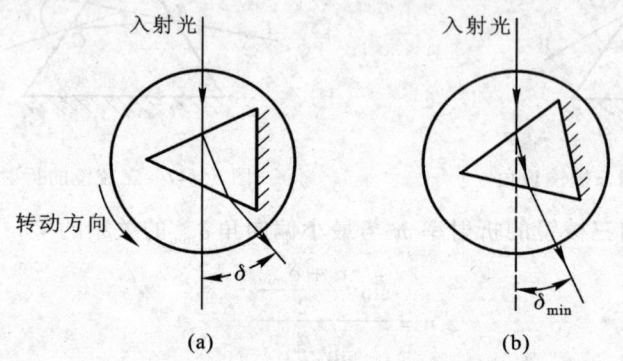

图 5-48 测量最小偏向角

2. 缓缓转动载物台,跟踪观察钠光谱线,使载物台向着偏向角减小的方向转动.当三棱镜随载物台转动到某一特定位置,钠光谱线反而向相反方向偏转,即偏向角有重新增大的趋势,就停止转动载物台,将其固定.此时的偏向角即为最小偏向角,如图 5-48(b)所示.

3. 微调望远镜位置,使垂直刻线对准光谱线中央,从左、右游标上读取角度 $\theta$ 和 $\theta'$,并记录在表 5-25 中.

4. 从载物台上取下三棱镜,将望远镜对准平行光管.微调望远镜位置,使狭缝像与垂直刻线相重合.从左、右游标上读取角度 $\theta_0$ 和 $\theta'_0$,并记录在表 5-25 中.

5. 按 $\delta_{\min} = \frac{1}{2}(|\theta - \theta_0| + |\theta' - \theta'_0|)$ 计算最小偏向角.

6. 重复测量五次,求出最小偏向角的平均值 $\bar{\delta}_{\min}$.

7. 将 $\alpha$ 和 $\bar{\delta}_{\min}$ 代入式(5-72)中,计算出三棱镜的折射率 $n$.

[注意事项]

1. 严格按分光计调节要求,认真调节分光计.

2. 三棱镜光学表面要保护干净,放取时请勿用手触摸.

[数据]

表 5-24 测量三棱镜顶角

| 次数 | 游标 | 位置Ⅰ | 位置Ⅱ | $\delta_{min} = \frac{1}{4}(|\theta_2 - \theta_1| + |\theta'_2 - \theta'_1|)$ |
|---|---|---|---|---|
| 1 | 左 | $\theta_1$ | $\theta_2$ | |
| 1 | 右 | $\theta'_1$ | $\theta'_2$ | |
| 2 | 左 | $\theta_1$ | $\theta_2$ | |
| 2 | 右 | $\theta'_1$ | $\theta'_2$ | |
| 3 | 左 | $\theta_1$ | $\theta_2$ | |
| 3 | 右 | $\theta'_1$ | $\theta'_2$ | |
| 4 | 左 | $\theta_1$ | $\theta_2$ | |
| 4 | 右 | $\theta'_1$ | $\theta'_2$ | |
| 5 | 左 | $\theta_1$ | $\theta_2$ | |
| 5 | 右 | $\theta'_1$ | $\theta'_2$ | |

$\bar{\alpha} = $ _____.

表 5-25 测量最小偏向角

| 次数 | 游标 | 出射光线位置 | 入射光线位置 | $\delta_{min} = \frac{1}{2}(|\theta - \theta_0| + |\theta' - \theta'_0|)$ |
|---|---|---|---|---|
| 1 | 左 | $\theta$ | $\theta_0$ | |
| 1 | 右 | $\theta'$ | $\theta'_0$ | |
| 2 | 左 | $\theta$ | $\theta_0$ | |
| 2 | 右 | $\theta'$ | $\theta'_0$ | |
| 3 | 左 | $\theta$ | $\theta_0$ | |
| 3 | 右 | $\theta'$ | $\theta'_0$ | |
| 4 | 左 | $\theta$ | $\theta_0$ | |
| 4 | 右 | $\theta'$ | $\theta'_0$ | |
| 5 | 左 | $\theta$ | $\theta_0$ | |
| 5 | 右 | $\theta'$ | $\theta'_0$ | |

$\bar{\delta}_{min} = $ _____;
$\bar{n} = $ _____.

[讨论]

1. 反射法测三棱镜顶角时，平行光管射出的平行光是否要正入射到三棱镜的角顶上？
2. 测量最小偏向角 $\delta_{min}$ 时，三棱镜为什么要按图 5-48(a) 的位置放好？不这样放置行不行？

# 实验二十　用旋光仪测糖溶液的质量浓度

[目的]

1. 观察线偏振光通过旋光物质所发生的旋光现象；
2. 了解旋光仪的结构和原理，并学会其使用方法；
3. 用旋光仪测定糖溶液的旋光率及质量浓度.

[原理]

线偏振光通过某些物质的溶液(特别含有不对称碳原子物质的溶液,如糖溶液等)后，偏振光的振动面将随着光在溶液内的传播连续地旋转，我们把这种线偏振光进入某些物质后振动面发生旋转的现象称为**旋光现象**. 除糖溶液外，许多物质都具有这种旋光性质，如酒石酸溶液、松节油、石油、石英、硃砂($Hgs$)等. 旋转的角度 $\varphi$ 称为**旋光度**. 能使线偏振光振动面旋转的物质称为**旋光物质**. 旋光物质又有左旋和右旋之分. 迎着出射光观察时，使偏振光的振动面按顺时针方向旋转的物质称**右旋物质**；使偏振光的振动面按逆时针方向旋转的物质称**左旋物质**.

实验证明，对某一旋光溶液，当入射光的波长给定时，旋光度 $\varphi$ 与偏振光通过溶液的长度 $l$ 和溶液的质量浓度 $c$ 成正比，即

$$\varphi = \alpha c l \tag{5-73}$$

式中旋光度 $\varphi$ 的单位为度，偏振光通过溶液的长度 $l$ 的单位为 dm，溶液质量浓度的单位为 g·$mL^{-1}$. $\alpha$ 为该物质的**旋光率**，它在数值上等于偏振光通过单位长度(1 dm)、单位浓度(1 g·$mL^{-1}$)的溶液后引起的振动面的旋转角度，其单位为 (°)·mL·$dm^{-1}$·$g^{-1}$. 由于测量时的温度及所用波长对物质的旋光率都有影响，因而应当标明测量旋光率时所用波长及测量时的温度. 例如 $[\alpha]_{589.3\,nm}^{50\,℃} = 66.5° \cdot mL \cdot dm^{-1} \cdot g^{-1}$. 它表明在测量温度为 50 ℃、所用光源的波长 589.3 nm 时，该旋光物质的旋光率为 $66.5° \cdot mL \cdot dm^{-1} \cdot g^{-1}$.

若已知某溶液的旋光率 $\alpha$，且测出溶液试管的长度 $l$ 和旋光度 $\varphi$，可根据式(5-73)求出被测溶液的质量浓度，即

$$c = \frac{\varphi}{l[\alpha]_\lambda^t} \tag{5-74}$$

通常溶液的质量浓度由 100 mL 溶液中的溶质的克数来表示，此时上式改写为

$$c = \frac{\varphi}{l[\alpha]_\lambda^t} \times 100 \tag{5-75}$$

在糖溶液质量浓度已知的情况下，测出溶液试管的长度 $l$ 和旋光度 $\varphi$，就可计算出该溶液旋光率. 即

$$[\alpha]_\lambda^t = \frac{\varphi}{cl} \times 100$$

[仪器]

WXG—4 型旋光仪.

旋光仪又称量糖计，它是测量物质旋光度的仪器．WXG—4 型旋光仪的结构如图 5 - 49 所示．为了准确地测量旋光度 $\varphi$，仪器的读数装置采用双游标读数，以消除度盘的偏心差．度盘等分 360 格，每格 1°，游标在弧度 19°上等分 20 格，等于度盘 19 格，用游标可读到 0.05°．度盘和检偏镜固定联结成一体，利用度盘转动手轮作粗(小轮)、细(大轮)调节．游标窗前装有读数放大镜，供读数用．

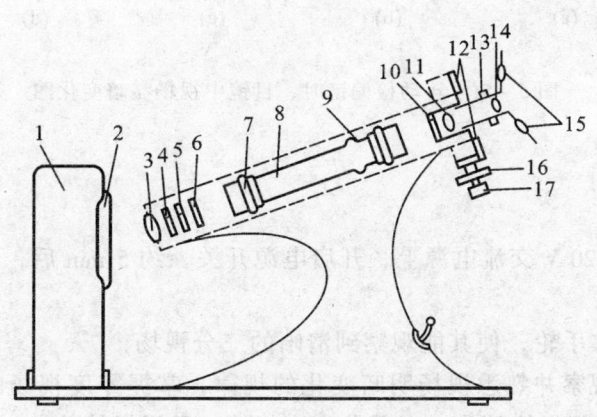

1—钠光灯；2—毛玻璃片；3—会聚透镜；4—滤色镜；5—起偏镜；6—石英片；7—测试管端螺母；8—测试管；9—测试管凸起部分；10—检偏镜；11—望远镜物镜；12—度盘和游标；13—望远镜调轮；14—望远镜目镜；15—游标读数放大镜；16—度盘转动细调手轮；17—度盘转动粗调手轮

图 5 - 49　WXG - 4 型旋光仪的结构

物质的旋光性测量的简单原理如图 5 - 50 所示．首先将起偏镜 $P_1$ 与检偏镜 $P_2$ 的偏振方向调至正交，我们观察到视场最暗．然后装上被测旋光溶液的试管，因旋光溶液使偏振光的振动面发生旋转，视场变亮，为此调节检偏镜 $P_2$，再次使视场调至最暗，这时检偏镜所转过的角度，即为被测溶液的旋光度．

由于人们的眼睛很难准确地判断视场是否全暗，因而会引起测量误差．为此该旋光仪采用了三分视场的方法(即半荫法)来测量旋光溶液的旋光度．从旋光仪目镜中观察到的视场分为三个部分，一般情况下，中间部分和两边的亮度不同．当转动检偏镜时，中间部分和两边将出现明暗交替变化．图 5 - 51 中列出四种典型情况，即(a)中间为暗区，两边为亮区；(b)三分视界消失，视场较暗；(c)中间为亮区，两边为暗区；(d)三分视界消失，视场较亮．

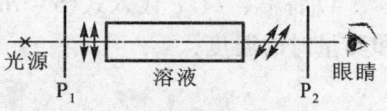

图 5 - 50　物质的旋光性测量简图

由于在亮度不太强的情况下，人眼辨别亮度微小差别的能力较大，所以常取图 5 - 51 (b) 所示的视场作为参考视场．并将此时检偏镜的位置作为刻度盘的零点，故称该视场为**零度视场**．

当放进了待测旋光液的试管后，由于溶液的旋光性，使线偏振光的振动面旋转了一定角度，使零度视场发生了变化，只有将检偏镜转过相同的角度，才能再次看到图 5 - 51(b) 所示的视场，这个角度就是旋光度，它的数值可由刻度盘和游标上读出．

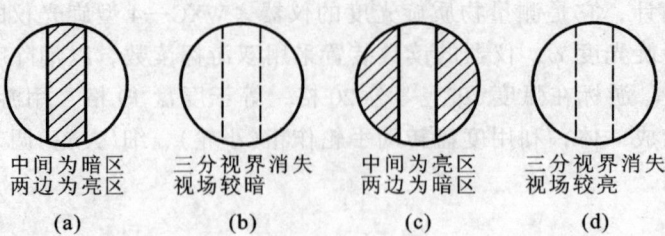

| 中间为暗区 | 三分视界消失 | 中间为亮区 | 三分视界消失 |
| 两边为亮区 | 视场较暗 | 两边为暗区 | 视场较亮 |
| (a) | (b) | (c) | (d) |

图 5-51 转动检偏镜时，目镜中视场亮暗变化图

[步骤]

### 一、调整旋光仪

1. 将旋光仪接到 220 V 交流电源上，开启电源开关，约 5 min 后，钠光灯发光正常，便可使用.

2. 调节旋光仪调焦手轮，使其能观察到清晰的三分视场.

3. 转动检偏镜，观察并熟悉视场明暗变化的规律，掌握零度视场的特点是测量旋光度的关键. 零度视场即三分视界线消失，三部分亮度相等，且视场较暗.

4. 检查仪器零位是否正确. 在试管未放入仪器前，观察零度视场的位置与零位是否一致. 若不一致，说明仪器有零位误差，记下此时读数 $\varphi_0$. 重复测定零位误差三次，取其平均值 $\overline{\varphi_0}$. 注意应在读数中减去 $\overline{\varphi_0}$ ($\overline{\varphi_0}$有正负之分).

### 二、测定旋光溶液的旋光率

1. 实验室事先将制备好的标准溶液注满三支长度不同的试管.

2. 测定旋光度  将一支试管放入旋光仪的槽中. 转动度盘，再次观察到零度视场时，读取 $\varphi'$，重复三次求出平均值 $\overline{\varphi'}$. 算出旋光度 $\varphi = \overline{\varphi'} - \overline{\varphi_0}$.

3. 分别测出另外两支试管的旋光度.

4. 将 $\varphi$、$l$、$c$ 代入式(5-76)，计算出标准溶液的旋光率. 并注意标明测量时所用的波长和测量时的温度.

### 三、测量糖溶液的质量浓度

将长度已知，性质和标准溶液相同，而溶液质量浓度未知的溶液试管，放入旋光仪中，测量其旋光度 $\varphi$. 将测得的旋光度 $\varphi$、溶液长度 $l$ 和前面测出的旋光率 $[\alpha]_\lambda^t$ 代入式(5-75)，求出该溶液的质量浓度 $c$.

[注意事项]

1. 溶液注满试管，旋上螺帽，两端不能有气泡. 螺帽不宜太紧，以免玻璃窗受力而产生双折射，引起误差.

2. 试管两端均应擦干净方可放入旋光仪. 测量中应维持溶液温度不变.

[数据]

表 5-26 测定零位误差

| 1 | | 2 | | 3 | | $\overline{\varphi_0}/(°)$ |
|---|---|---|---|---|---|---|
| 左 | 右 | 左 | 右 | 左 | 右 | |
| | | | | | | |

表 5-27 测量旋光溶液的旋光率

| 试管长度 $l$/dm | 浓度 $c$/g·(100 mL)$^{-1}$ | 读数 $\varphi'/(°)$ | | | | | | 平均值 $\overline{\varphi'}/(°)$ | 旋光度 $\varphi=(\overline{\varphi'}-\overline{\varphi_0})/(°)$ | 溶液旋光率 $[\alpha]_\lambda^t/(°)\cdot$mL·dm$^{-1}\cdot$g$^{-1}$ |
|---|---|---|---|---|---|---|---|---|---|---|
| | | 1 | | 2 | | 3 | | | | |
| | | 左 | 右 | 左 | 右 | 左 | 右 | | | |
| | | | | | | | | | | |
| | | | | | | | | | | |

$[\overline{\alpha}]_\lambda^t = $ _____ (°)·mL·dm$^{-1}\cdot$g$^{-1}$.

表 5-28 测量溶液的质量浓度

| 试管长度 $l$/dm | 读数 $\varphi'/(°)$ | | | | | | 平均值 $\overline{\varphi'}/(°)$ | 旋光度 $\varphi=(\overline{\varphi'}-\overline{\varphi_0})/(°)$ | 溶液质量浓度 $c$/g·(100 mL)$^{-1}$ |
|---|---|---|---|---|---|---|---|---|---|
| | 1 | | 2 | | 3 | | | | |
| | 左 | 右 | 左 | 右 | 左 | 右 | | | |
| | | | | | | | | | |
| | | | | | | | | | |

[讨论]

1. 测量糖溶液旋光度的基本原理是什么?
2. 什么叫左旋物质和右旋物质?如何判断?

# 实验二十一 摄 影 技 术

[目的]

1. 学习摄影基础知识,了解拍摄、冲洗和印放的基本原理.
2. 初步掌握拍摄、冲洗和印放的基本技术.

[原理]

根据凸透镜的成像规律,当物体($AB$)位于透镜二倍焦距之外时,就可以在透镜的另一侧的光屏上得到该物体清晰、倒立、缩小的实像($A'B'$).照相机就是应用这一原理设计制造的,如图 5-52 所示.拍照就是让景物各部位发出的光经过照相机镜头会聚于感光片对应的部位上,使感光片上的感光物质得到不同程度的感光.由光的化学效应可知,感光物质,如溴化银

（AgBr）分子，在光的照射下还原成溴原子和银原子．在光照时间相同的情况下，溴化银分解出的银原子数量的多少与所照射的光强成正比．感光片之所以能够把景物拍摄下来，就是由于景物不同部位发出的光强不同，经透镜会聚到感光片的不同部位光强不同所致，从而导致感光片上银原子堆集的厚薄（密度）不一致，由此形成景物的"潜影"．这种被感光的感光片要通过一系列化学处理过程（显影和定影），才能使"潜影"转变成可见的"显影"．即通常底片上所看到的与原景物明暗刚好相反的负像．要想获得与原景物明暗一致的形象逼真的照片，还需要经过一定的印放过程（曝光、显影、定影和水洗等），把底片上的负像印放到感光纸（相纸）上，从而获得一张与原景物影调一致的正像．

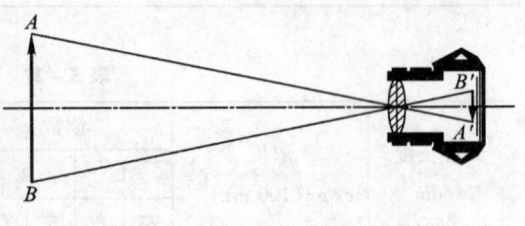

图 5-52 照相机成像原理

综上所述，摄影的全过程主要包括拍摄、冲洗负片和印放照片三个阶段：

## 一、拍摄

拍摄就是使景物成像并感光在负片上．影响拍摄的主要因素是聚焦和选取合适的曝光量．聚焦就是使景物准确地成像在感光片上．选取合适的曝光量是拍摄成败的关键．

**曝光量是照度和曝光时间的乘积**．照相机是用光圈大小控制光的照度，用快门速度控制光照时间．要根据胶片的感光度和拍摄主体的光照条件以及拍摄意图选择合适的曝光组合（即多大的光圈与多大的快门速度配合）．实验时，学生可结合实际用好胶卷包装盒内的简易"曝光参考表"．"宁肯曝光过度一点而不宜曝光不足"是在曝光量估计无把握时的一种实用原则．

## 二、负片的冲洗

感光片俗称胶卷，它是用乳胶和卤化银（感光物质）混合后涂在透明片基上制成的．胶卷的最主要、最基本的性能是感光度，所谓感光度是指胶卷对光感受的灵敏度．我国规定标准是"GB 制"，德国是"DIN 制"，美国是"ASA 制"，国际标准是"ISO 制"．数字越大，感光速度越高．只有曝光恰当、显影恰当的情况下，胶卷才能成为一张全面反映景物影调层次的满意负片．

常用冲洗负片的显影液是 D-76 微粒显影液配方，常用的定影液是 F-5 定影液配方（相纸、底片通用）．它们的成分参见附表Ⅻ．

冲洗负片的工艺流程为显影→停显→定影→水洗→干燥．操作时要注意以下几点：

1．掌握药液情况　随着冲洗胶卷数增加，药液有损耗，要酌情适当补充．
2．保持显影温度　显影液显影温度通常为 20 ℃，整个显影冲洗过程应保持液温．
3．掌握显影时间　使用 D-76 显影液配方，液温 20 ℃时，显影时间为 8~12 min．
4．注意显影搅动　搅动对显影效果也有明显影响，其目的是使显影液与感光片各处接触机会均等．

我们提倡定时、定温的显影方法．

停显的作用是让沾染在胶片上的显影液立即停止显影，保护定影液，以免因碱性的显影液带入酸性的定影液中，缩短定影液的使用寿命．

定影的作用是把胶片上未感光的卤化银溶解掉,而保留被感光显影还原的黑色银颗粒,使之得到被摄景物的负像.定影温度无严格控制,一般在 16 ℃~24 ℃,温度低,时间加长.使用 F-5 定影液配方,液温(20±2)℃,时间为 5 min.

### 三、照片的印放

感光纸俗称相纸,有印相纸和放大纸两类,它是在纸基上涂一层感光材料制成的."纸号"是表示相纸反差性的代号.国产黑白相纸,无论是印相纸还是放大纸,分为 1 号纸(软性)、2 号纸(中性)、3 号纸(硬性)和 4 号纸(特硬性)四种.应根据负片的黑白反差大小,选用感光纸.如负片反差大就选用 1 号纸,反差小就用 4 号纸.

常用印放的工艺流程为曝光→显影→停显→定影→水洗→上光(使用涂塑感光纸和绸纹纸,可免去上光工序,让其自然干燥).操作时要注意以下几点:

1. 用放大机时要正确安置底片(底片药面朝下)、准确聚焦、正确安放相纸(相纸药面朝上)和选取恰当的曝光量(可先采用曝光试样,找出合适的曝光时间).

2. 显影是印放的关键.对于放大曝光基本合适的相纸,在液温为 20 ℃左右的 D-72 显影液中,正常显影时间为 2 min 左右.应不时翻动相纸,时刻注意影像深浅的变化.因在红灯下操作,最好备一张印放量好的照片进行比较,确保显影恰当.

3. 定影要充分,要不时翻动.在正常温度下,定影时间为 15 min 左右.时间过长,影像会变淡;时间过短,影像不能持久.

4. 水洗要干净.用流动的清水冲洗 30 min 左右.否则照片日久变黄.

5. 印相时,注意底片药面朝上,印相纸药面朝下,盖在底片上.印相机内的红灯用于观察,白灯用于曝光.

[仪器]

照相机,印相机,放大机,冲片罐,冲片胶带,显影液,定影液及全套暗房设备,胶卷,相纸.

### 一、照相机

照相机的种类很多,其主要机构的功能大致相同.如图 5-53 所示的是孔雀 DL-1 型 135 单镜头反光照相机,简单介绍如下:

1. 镜头 为了减小像差,照相机的镜头一般采用复合会聚透镜.为了增加镜头通光量,镜头表面通常镀上增透膜.为了满足成像的质量要求,镜片间装有光圈,用以改变通光孔径,控制景深和通光量的多少.

**镜头焦距** $f$ **与镜头光孔直径** $d$ **之比称为光圈系数**,以 $F$ 表示,即

$$F = \frac{f}{d}$$

通常光圈系数的标度数值有 22、16、11、8、5.6、4、

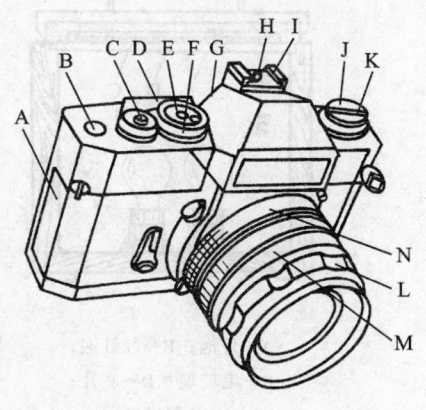

A—机身;B—已拍画幅计数窗;C—快门按钮;D—上弦卷片扳手;E—快门时间刻度盘;F—感光度调节钮;G—胶片感光度窗;H—X 闪光触点;I—附件插座;J—后盖开启钮;K—倒片手柄;L—调焦环;M—景深标尺;N—光圈调节环

图 5-53 孔雀 DL-1 型 135 单镜头反光照相机

2.8 等．$F$ 值愈大，镜头通光孔径愈小．相邻两挡光圈，光通量相差一倍．

2．快门　它是一种定时开合机构，用于控制曝光时间，用 $\frac{1}{t}$ s 标度．一般有 500、250、125、60、30、15……多种挡位．它们分别表示快门开启时间为 $\frac{1}{500}$ s、$\frac{1}{250}$ s、$\frac{1}{125}$ s、$\frac{1}{60}$ s、$\frac{1}{30}$ s、$\frac{1}{15}$ s……相邻两挡快门，其通光量相差一倍．合适的曝光量选择就是选取光圈与快门的合适组合．

3．调焦装置　通过旋转调焦环，改变镜头到感光片间的距离，使被摄主体能清晰成像在胶片上．若相机对焦方式是重影式，即以取景器中所见被摄体的虚、实两影重合为依据；若相机对焦方式是截影式，即以取景器中所见被摄体上、下两截影接合为依据．

二、印相机

印相机结构如图 5-54 所示．当盖板压下时，乳白灯泡亮，同时安全红灯熄灭，进行曝光．盖板开启时，乳白灯泡熄灭，红灯亮，可以观察底片的密度、反差和印相操作．

三、放大机

放大机结构示意图如图 5-55 所示．通过调整支架，移动镜头上下位置，改变放大倍数．放大机的使用方法与照相机相似，也有调焦、光圈和曝光时间的调节与控制．

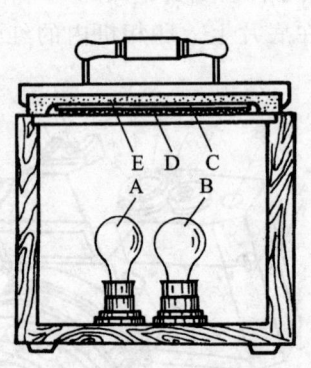

A—灯泡；B—红灯泡；
C—毛玻璃；D—底片；
E—印机纸

图 5-54　印相机

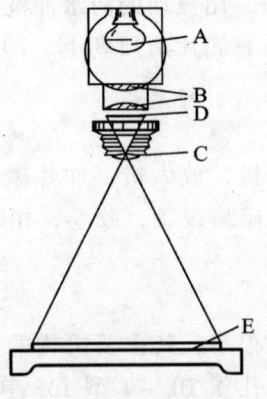

A—放大灯泡；B—聚光镜；
C—物镜；D—底片；
E—放大纸

图 5-55　放大机

[步骤]

一、拍摄

1．熟悉照相机的结构．

2．打开照相机后盖，正确装上胶卷，确认胶卷位置安装正确，处于拉紧状态后，关上相机后盖．

3. 根据拍摄对象和创作意图,进行取景、配光、选择合适的曝光组合.卷片,上快门弦.

4. 测距(又称调焦、对光).

5. 持稳相机,轻按快门按钮,进行拍照.

6. 作好拍摄记录(胶卷的感光度、光照条件、光圈系数及快门大小).

7. 拍摄完结,倒片,取出胶卷.

## 二、冲洗负片

按照负片冲洗的工艺流程,在暗室完成负片冲洗,并作好冲洗记录(药液型号、药液温度、显影时间及定影时间).

## 三、印放照片

选取本次得到的最满意的底片(即曝光和显影较为合适的底片),按照放大机的操作程序及印放照片的工艺流程完成照片印放,并做好印放记录(底片反差情况、选用相纸、曝光时间、显影时间及定影时间).

[注意事项]

1. 照相机在携带和使用中切忌摔、挤、压、震、碰.清洁镜头灰尘、污点应使用专门的镜头刷、吹气球、镜头水和镜头纸.切忌用手、手帕、衣角、卫生纸擦抹镜头和用嘴吹.

2. 具有快门上弦扳手的照相机(如海鸥 4B 照相机),其快门上弦扳手扳下后,不得再调节快门速度,否则会损坏内部机件.

3. 拍完倒片时,必须先按下倒片按钮,再行倒片.否则强行倒片,一会拉断胶卷;二会损坏相机内部机件.

4. 一旦相机出现故障,应报告教师,不得强行乱扳、乱动.

[数据]

表 5-29 拍摄记录

照相机型号_____;胶卷感光度_____

| 负片编号 | 光照条件 | 光圈系数 | 快门时间 |
|---|---|---|---|
|  |  |  |  |
|  |  |  |  |
|  |  |  |  |
|  |  |  |  |

表 5-30 冲洗记录

| 药液型号 | 药液温度 | 显影时间 | 定影时间 |
|---|---|---|---|
|  |  |  |  |

表 5-31　印放记录

药液型号_____；药液温度_____．

| 内　　容 | 负片编号 | 反差情况 | 相纸号数 | 曝光时间 | 显影时间 | 定影时间 | 相片效果 |
|---|---|---|---|---|---|---|---|
| 印相 | | | | | | | |
| 放大 | | | | | | | |

[讨论]

1. 若拍摄时选用的光圈系数为 11，曝光时间为 $\frac{1}{125}$ s，曝光量正合适．如将光圈系数改为 8，则曝光时间应作如何调整才能保持原有曝光量？若曝光时间选用 $\frac{1}{500}$ s，光圈系数又应如何调整？

2. 按照定温、定时的显影方法冲洗得到的底片，如果过黑（太厚）或者过白（太薄）是什么原因？

3. 印放照片时，如何确定合适的曝光时间？

附：

**彩色摄影的初步知识**

**一、彩色照片的拍摄**

彩色摄影和黑白摄影在技术上基本要求是一致的，但由于光源的色温（色温是表明光线的光谱成分，色温偏高表明光线中频率偏高的蓝光、紫光成分大；色温偏低表明光线中频率偏低的红光成分大）、环境的反射光、曝光量等因素对彩色胶片的色彩效果影响大．因此，彩色胶片对上述诸因素的要求比黑白胶片严格很多，因而拍摄彩照时还应注意以下几点：

1. 掌握色温对色彩的影响　如果光源的色温高于感光片的感色性能（即感光片对光源色温的要求），再现的色彩就偏蓝，反之偏红．要力争做到二者色温基本平衡，才能使照片的色彩与景物色彩相接近．彩色胶卷分日光型和灯光型，前者要求的光源色温是 5 000～5 600 K，适合日光下拍摄；后者要求的光源是 3 200～3 400 K，适合室内摄影强光灯下拍摄．如果光源色温不符合感光片感色性能的要求，可通过加校正色温滤色镜调整．

2. 掌握曝光量对色彩的影响　彩色胶片的感光层是由感红、感绿和感蓝三层乳剂层构成，而且彩色胶片的宽容度又比黑白胶片窄，如果曝光不合适，将导致三层乳剂层的感光量不一致而破坏色平衡．实践经验表明，对彩色负片，曝光拿不定主意时，宁肯曝光过头一点而不宜曝光不足；对彩色反转片则宁肯曝光稍微不足一点而不宜曝光过头．

3. 掌握环境反射光对色彩的影响　周围有色物体的反射光，也会影响被摄体的颜色，使彩色感光片偏色．应避开或设法消除这种不利反射光的影响．

## 二、彩色负片的冲洗

彩色负片的制作和黑白负片的制作过程相差不多,其工艺流程是:已曝光的彩色胶片→彩显→水洗→镁浴→水洗→漂白→水洗→定影→水洗→干燥.不同彩色胶卷对药液的配方有不同选择,在药液的配制及进行显影等操作时,对液温、时间、药液的要求更苛刻.所得到的彩色负片是与原景物色彩互补的彩色负像.

## 三、彩色照片的印放

彩色照片的制作与黑白照片的制作相比,不同之处是增加了校色试样工序.因为彩色照片不仅要有合适的密度,而且要求色彩还原好.为此,彩色放大机在黑白放大机的基础上作了相应改进.一是要求放大灯泡的光谱成分接近白光,不能偏色;二是在光源与聚光镜之间加了一放置校色滤色片的抽拉框架,这就构成一个混色头.另外,在正式放相前要进行校色试样,以便提供正确的曝光时间和校正偏色的滤色片组合数据.彩色照片制作使用的安全灯不是红灯,而是钠光灯.

校色的方法目前普遍采用减色法,见表 5-32.其印放彩色照片的工艺流程为已曝光的彩色相纸→彩显→停显(水洗)→定影→水洗→干燥.

表 5-32 减色法校色表

| 照片上偏多的颜色 | 黄 | 品红 | 青 | 蓝 | 绿 | 红 |
| --- | --- | --- | --- | --- | --- | --- |
| 应增加的滤色片 | 黄 | 品红 | 青 | 品红、青 | 黄、青 | 黄、品红 |
| 应减少的滤色片 | 品红、青 | 黄、青 | 黄、品红 | 黄 | 品红 | 青 |
| 照片上减少的颜色 | 黄 | 品红 | 青 | 蓝 | 绿 | 红 |
| 照片上增加的颜色 | 蓝 | 绿 | 红 | 黄 | 品红 | 青 |

# 第六章 物理实验中的实验方法和测量方法

本章将阐述物理实验中常用的实验方法和测量方法．物理实验方法是以一定的物理现象、物理规律和物理原理为依据，确立合适的物理模型，研究各物理量之间关系的科学实验方法．而测量方法是指测量某一物理量时，如何根据测量要求，在给定的条件下，尽可能地减小系统误差和随机误差，使获得的测量值更为精确的方法．由于现代物理实验离不开定量的测量，所以实验方法和测量方法两者之间相辅相成，互相依存，甚至无法予以严格区分．本章的主要内容有：比较法、放大法、平衡法、补偿法、转换法、模拟法和干涉法．在学生做过一系列前导实验和基本实验的基础上，加深对物理实验的基本思想和基本方法的认识．

## §6-1 比较法

在§2-1中讲过，测量就是将待测量与一个选作单位的同类量（称为标准量）进行比较，其倍数和单位的乘积即为该待测量的量值．所以比较法是测量方法中最基本、最常用的方法．比较法分为直接比较法和间接比较法，分别介绍如下．

### 一、直接比较法

**将待测量与经过校准的仪器或量具进行比较，测出测量值，称为直接比较法**．直接比较法有如下特点：

1. **同量纲**[*]  待测量与标准量的量纲相同．例如用米尺测量某物体的长度，同为长度的量纲．

2. **直接可比**  待测量与标准量直接进行比较，从而获得待测量的量值．例如用天平称量物体的质量，当天平平衡时，砝码的示数就是待测量的量值．

3. **同时性**  待测量与标准量的比较是同时发生的，没有时间的超前与滞后．例如用秒表测量某过程的时间，当过程开始时，启动秒表；当过程结束时，止动秒表．此时指针指示的值即为该过程所经历的时间．

直接比较法的测量精度，受到测量仪器或量具自身准确度的局限，欲提高测量准确度就必须提高量具的准确度．为此就需要不同物理量的标准件．例如，用于长度测量的"块规"，用于质量测量的砝码等．

---

[*] 为了表示基本量和导出量的关系，先用指定的符号表示每一个基本量，然后用这些符号的不同组合表示各导出量．把这些符号和符号的组合称为**物理量的量纲**．例如长度的量纲是 L，质量的量纲是 M，时间的量纲是 T．在国际单位制中，速度的量纲 $\dim v = LT^{-1}$，力的量纲 $\dim F = LMT^{-2}$．

## 二、间接比较法

多数物理量是无法通过直接比较法而测出的，我们通常可以**借助于一个中间量，或将待测量进行某种变换，来间接实现比较测量**，这种方法称为**间接比较法**. 例如，磁电式电流表是利用通电线圈在磁场中受到磁力矩与游丝的扭力矩平衡时，电流 $I$ 与电流表指针的偏转角 $\theta$ 成正比制成的. 我们通过电流表指针的偏转角 $\theta$ 的间接比较，测出电路中的电流强度 $I$.

# §6-2 放 大 法

在物理实验中，常常会遇到一些微小的量，用给定的仪器进行测量时会带来很大的误差，甚至无法进行测量. 如果能将待测量按照一定的规律加以放大，就可以达到既能测量，又能减少误差的目的. **把待测物理量按一定的规律加以放大，再进行测量的方法称为放大法**. 放大法是常用的基本测量方法之一，它分为累计放大法、机械放大法、电磁放大法和光学放大法等，分别介绍如下：

## 一、累计放大法

**在待测物理量能够简单重叠的条件下，将它展延若干倍，再进行测量的方法，称为累计放大法**. 例如，欲测量均匀细丝的直径，可在一根光滑的圆柱体上密绕 100 匝，测出其密布的长度 $l$，则细丝的直径为 $\dfrac{l}{100}$. 又如实验 7-Ⅰ三线扭摆法测转动惯量中，用秒表测量三线扭摆的周期时，不是测一次扭转周期的时间，而是测出 50 次扭转周期的总时间 $t$，则三线扭摆的周期为 $\dfrac{t}{50}$.

累计放大法的优点是在不改变待测量性质的情况下，将待测量展延若干倍后进行测量，从而增加测量结果的有效数字位数，减小测量值的相对误差，提高测量的准确度.

应当指出，在使用累计放大法时，要注意两点：一是在展延过程中待测量不能发生变化；二是在展延过程中应努力避免引入新的误差(如细丝密绕时中间出现的间隙).

## 二、机械放大法

**利用机械部件之间的几何关系，使标准单位量在测量过程中得到放大的方法，称为机械放大法**. 机械放大法可以提高测量仪器的分辨率，增加测量结果的有效数字位数. 例如螺旋测微器利用螺杆鼓轮(微分筒)机构，使仪器的最小刻度从 1 mm 变为 0.01 mm，从而提高测量精度. 又如在分光计读数盘的设计中，为了提高仪器的测量精度，采用两种方法：一是增大刻度盘的半径，因为刻度盘的半径越大，仪器的分辨率会越高；二是应用游标的读数原理，增设游标读数装置.

## 三、电磁放大法

要对微弱的电信号(电流、电压或功率)有效地进行观察和测量，常借助于电子学中的放大线路. 例如在实验二十六"用光电效应法测普朗克常量"中，就是将微弱的光电流通过微电流测量放大器放大后,进行测量的.

在实验十五示波器的使用中,利用示波管将电信号放大,使电信号不仅能定性地观察,而且能定量地测量,同时还具有直观显示的优点.

**四、光学放大法**

光学放大法有两种,一种是使待测物通过光学仪器形成放大的像,便于观察判别.例如常用的测微目镜、读数显微镜等.另一种是通过测量放大后的物理量,间接测得本身较小的物理量.例如在实验八"用拉伸法测金属丝的弹性模量"中,利用光杠杆法测量金属丝在受到应力后,长度发生的微小变化.光杠杆法是一种常用的光学放大法,它不仅可以测长度的微小变化,亦可以测角度的微小变化.在实验二十三"灵敏电流计的使用"中,直流复射式检流计就是一个典型的例子.所谓"复射",是指这种检流计作为"光指针"的光线不是一次反射,而是多次的反射后才投影到标尺上,从而达到延长"光指针"长度、放大线圈偏转角度、提高灵敏度的目的.

由于光学放大法具有稳定性好、受环境干扰小的特点,它被广泛地应用到各个科技领域.

## §6-3 平衡法

平衡状态是物理学的一个物理概念,因为在平衡状态下,许多非常复杂的物理现象可以比较简单地描述,一些复杂的函数关系亦可变得比较简明,从而容易实现定量和定性的分析.

**利用平衡状态测量待测物理量的方法**,称为**平衡法**.例如利用等臂天平称衡时,当天平指针处在刻度尺的"0"位,或者左右等幅摆动时,天平达到平衡.它表示已知砝码和待测物体所受的重力对天平支点的力矩相等,由于左、右力臂相等,且又在同一重力场中,所以待测物体的质量和砝码的质量相等.

实验五用惠斯通电桥测电阻亦是一个平衡法的典型例子.如图3-25所示,由四个电阻以四边形组成的电路,当在一条对角线 $AC$ 上接上电源时,在另一对角线 $B$ 点和 $D$ 点之间出现电势差,检流计 $G$ 上有电流通过,这种电路称为桥式电路.图中 $R_1$、$R_2$ 为标准电阻,称为"比率臂";$R$ 为可变标准电阻;$R_x$ 为待测电阻.测量时,调节电阻 $R$,可以使检流计 $G$ 上示值为零,即 $B$ 点和 $D$ 点电势相等,这时电桥达到平衡.此时有

$$R_x = \frac{R_2}{R_1} R$$

在上式中,只要知道比率 $\frac{R_2}{R_1}$ 和 $R$ 的电阻值,就可算出待测电阻 $R_x$ 的阻值.

## §6-4 补偿法

测量过程就是通过实验仪器来检测待测系统真实参量的过程,与之相应的实验方法和检测手段应以不改变(或尽量少改变)待测系统的原有状态为原则.但该原则在不少测量过程中往往是难以做到的.例如,用电压表跨接待测电源的两端测电源的电动势时,由于有电流流过电压

表,电压表的读数不是待测电源的电动势 $E_x$,而是路端电压 $U$,根据全电路欧姆定律,有
$$U = E_x - IR_i$$
式中 $R_i$ 为待测电源的内阻.造成这种结果的原因是因为电压表的接入,改变待测电源的原有状态.

为了精确地测定电源的电动势,可按图 6-1 电路进行测量,图中 $E_x$ 为待测电源;$E_0$ 为可调标准电源;G 为检流计.调节 $E_0$,使检流计 G 示零,则回路中两个电源电动势必然大小相等,方向相反,此时我们称电路达到补偿.在补偿条件下,如果 $E_0$ 的量值已知,则 $E_x$ 可求出.

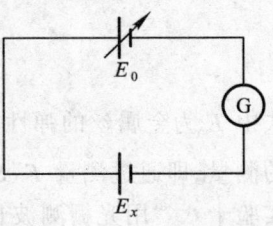

图 6-1 补偿原理图

根据某一测量原理,**在提供一种可调的标准量来抵消待测量所显现的作用的条件下,对待测量进行测量的方法,称为补偿法**.补偿法往往要与平衡法、比较法结合使用.

实验十四"电势差计的使用"中用电势差计测电动势就是一个补偿法的典型例子.电势差计的原理图如图 5-22 所示.由电源 $E$、可变电阻 $R_n$、均匀电阻丝 $AB$ 和开关 $K_1$ 构成工作回路.合上开关 $K_1$ 后,有电流 $I$ 通过均匀电阻丝 $AB$,并在 $AB$ 上产生电势降落 $IR$.如果将检流计 G、待测电池 $E_x$ 和开关 $K_2$ 串联后跨接到均匀电阻丝 $AB$ 的 $C$、$D$ 两点上,当开关 $K_2$ 合上后,调节 $C$、$D$ 两点的位置,使检流计 G 指针指零(即 $I_g = 0$),此时电势差计处于补偿状态.设均匀电阻丝 $AB$ 上每单位长度的电阻为 $R_0$,$CD$ 段电阻丝的长度为 $L_x$,则有

$$E_x = U_C - U_D = IR_0 L_x \tag{6-1}$$

在 $I$ 不变的情况下,用标准电池 $E_s$ 替换待测电池 $E_x$,将 $C$、$D$ 的位置调节到 $C'$、$D'$ 两点,使检流计 G 指针指零,达到补偿状态.设 $C'D'$ 段电阻丝长度为 $L_s$,则有

$$E_s = IR_0 L_s \tag{6-2}$$

根据式(6-1)和式(6-2)可得

$$E_x = \frac{L_x}{L_s} E_s \tag{6-3}$$

由上式可见,在已知标准电池的电动势 $E_s$ 的情况下,只要测量 $L_x$ 和 $L_s$,就可算出待测电池的电动势.应当指出,在前后两次测量中,应保证工作电流 $I$ 和均匀电阻丝 $AB$ 单位长度的电阻 $R_0$ 皆不随时间而变.

## §6-5 转换法

根据物理量之间的各种效应和定量的函数关系,通过对有关物理量的测量求出待测物理量的方法,称为**转换法**.由于物理量之间存在多种效应,所以有各种不同的转换法.转换法不仅在物理学中,而且在科学的各个领域都获得广泛的应用.转换法大致可分为参量换测法和能量换测法两大类,分别介绍如下:

### 一、参量换测法

利用各种参量变换及其变化的相互关系来测量某一物理量的方法,称为**参量换测法**.参量换测法是一种常用的测量方法,几乎贯穿于整个物理实验的领域中.例如在实验八"用拉伸法

测金属丝的弹性模量"中,根据胡克定律,在弹性限度内,正应力 $\frac{F}{S}$ 与线应变 $\frac{\Delta L}{L}$ 成正比,即

$$\frac{F}{S} = E\frac{\Delta L}{L} \tag{6-4}$$

式中 $E$ 为金属丝的弹性模量.利用此关系,将弹性模量 $E$ 的测量转换为正应力 $\frac{F}{S}$ 和线应变 $\frac{\Delta L}{L}$ 的测量,即通过测量 $F$、$S$、$\Delta L$ 和 $L$,将它们代入式(6-4),可求出金属丝的弹性模量 $E$.又如在实验十八"用光栅测波长"中,由光栅衍射方程,衍射光谱中明纹的条件为

$$d\sin\varphi_k = \pm k\lambda, \quad k = 0, 1, 2, \cdots$$

式中 $d$ 为光栅常量;$\lambda$ 为入射光波的波长;$k$ 为明纹级数;$\varphi_k$ 为 $k$ 级明纹的衍射角.根据光栅衍射方程,将入射光波长 $\lambda$ 的测量转换为第 $k$ 级明纹衍射角 $\varphi_k$ 的测量.实验时,光栅常量 $d$ 已知,用分光计测出第 $k$ 级明纹的衍射角 $\varphi_k$,即可算出入射光的波长 $\lambda$.

### 二、能量换测法

某种运动形式的物理量,通过能量变换器变换成另一种运动形式的物理量的测量方法,称为**能量换测法**.能量换测法的种类很多,下面仅介绍几种比较典型的能量换测法:

1. **热电换测** 这是将热学量转换成电学量的测量.例如在实验十一"导热系数的测定"中,利用温差电动势原理,将温度的测量转换成热电偶温差电动势的测量.

2. **压电换测** 这是压力和电压之间的转换测量.如话筒和扬声器就是这种换能器.话筒把声波的压力变化转换成相应的电压变化;而扬声器则相反,把变化的电信号转换成声波.此外,还有利用某些材料的压电效应,实现压力与电压之间的相互换测.

3. **光电换测** 这是光学量和电学量之间的转换测量.其变换原理是光电效应.转换器件有光电管、光电倍增管、光电池、光敏电阻、光敏二极管.在实验二十六"用光电效应法测普朗克常量"中,我们将接触到光电管,并应用爱因斯坦光电效应方程,求出普朗克常量 $h$.目前各种光电转换器在测量和控制系统、光通讯系统及计算机的光电输入设备中已获得极其广泛的应用.

4. **磁电换测** 这是磁学量与电学量之间的转换测量.磁感强度是不易直接测量的,利用磁电换测后,使其测量变得简便、快速.例如在实验十六"用霍耳元件测磁场"中,利用霍耳效应,将磁感强度的测量转换为霍耳元件的工作电流和霍耳电压的测量.测量磁感强度除用霍耳效应法外,常用的还有冲击法和感应法.冲击法是将磁感强度的测量转换为冲击电流计最大偏转刻度的测量;感应法是将磁感强度测量转换为交变感应电动势有效值的测量,它们均属于磁电换测.

## §6-6 模 拟 法

在第一章中我们已讲过,实验是在人工控制的条件下,使自然界发生的某种现象反复重演所进行的观察研究.物理实验的任务首先要使被研究的物理过程再现.但在不少课题中是很难实现的.例如要设计一项水利工程,应当对设计的工程进行实地的测试,这是无法办到的.模拟法为这类实验提供理论上的依据和切实可行的方法.

不直接研究某物理现象或过程本身，而是用与该现象或过程相似的模型来进行研究的方法，称为**模拟法**．

模拟法是以相似理论为基础，根据相似理论，设计与待测原型（待测物、待测现象等）有物理或数学相似的模型，然后通过模型的测量间接测得所研究原型的性质及其规律．模拟法可分为物理模拟法和数学模拟法，分别介绍如下：

### 一、物理模拟法

保持同一物理本质的模拟方法称为**物理模拟法**．例如用风洞（高速气流装置）中的飞机模型模拟飞机在大气中的飞行；用流槽模型预演河流的冲击作用等均属物理模拟．

模型与原型按比例地缩小（或放大），这是物理模拟法的重要条件．只有满足实验条件与主体（样品或模型）都与原型保持严格的性质、形状及过程（特征点）相似，物理模型才能成立．

### 二、数学模拟法

两个不同本质的物理现象和过程，依赖于数学形式的相似而进行的模拟方法，称为**数学模拟法**．

在实验十二"用模拟法描绘静电场"中，用稳恒电流场来模拟静电场就是一个数学模拟的典型例子．如大家熟知，直接对静电场进行测量是十分困难的，因为任何测试仪器引入静电场中，都将明显地改变静电场的原有状态．由于反映稳恒电流场性质的场方程与反映静电场性质的场方程是相似的，所以可以用稳恒电流场来模拟静电场．如果稳恒电流场的空间电极形状和边界条件（由电极表面、导电纸和空气分界面组成）与待研究的静电场相同，则通过测定稳恒电流场的分布来确定静电场的分布．

## §6-7 干 涉 法

应用相干波产生干涉时所遵循的物理规律，进行有关物理量测量的方法，称为**干涉法**．干涉法可将瞬息变化难以测量的动态研究对象变成稳定的静态对象——干涉图样，从而简化了研究方法，提高研究的准确度．利用干涉法可以测量长度、角度、波长、气体或液体的折射率和检测各种光学元件的质量等．

在实验十七"光的干涉"中，由于平凸透镜的凸面与平面玻璃之间形成一层空气薄膜，当平行的单色光垂直入射时，入射光将在此薄膜上下两表面反射，产生具有一定光程差的两束相干光．由于透镜的一面为球面，所以光程差相等的各点连起来的轨迹是一个以接触点为中心的圆．形成的干涉条纹是以接触点为圆心的一系列明暗相间的同心圆环，即牛顿环．

根据光程差的计算，平凸透镜的曲率半径 $R$ 由下式决定，即

$$R = \frac{D_m^2 - D_n^2}{4(m-n)\lambda} \qquad (6-5)$$

式中 $\lambda$ 为单色入射光的波长；$D_m$ 和 $D_n$ 分别为第 $m$ 级暗环和第 $n$ 级暗环的直径．实验时，单色入射光的波长 $\lambda$ 已知，用读数显微镜测出第 $m$ 级暗环的直径 $D_m$ 和第 $n$ 级暗环的直径 $D_n$，即可算出平凸透镜的曲率半径 $R$．

又如，在实验二十四"迈克耳孙干涉仪的使用"中，应用等倾干涉图样测定 He – Ne 激光束的波长．以上都是干涉法的典型例子．

在波的衍射中，波长中能流密度的分布是由连续的相干波源发出的子波相互干涉的结果，所以衍射现象的本质是一种特殊的干涉．在实验十八"分光计的调节和使用　用光栅测波长"中，汞灯发出的光通过光栅衍射后得到光栅光谱．我们通过对光栅光谱的测量，可求出汞灯各谱线的波长．

总之，在各种机械波、电磁波、光波和物质波的研究中，广泛地应用了干涉法．应当指出，干涉法在引入全息摄影技术后，已发展成为一门新的技术——干涉计量技术．它在科学研究和生产实践中，已越来越显示出重要的作用．

以上介绍了物理实验中常用的七种基本实验方法和测量方法，此外还有"替代法"、"对称测量法"等．在物理实验中，各种方法往往是相互联系、综合使用的，无法截然分开．读者在进行物理实验时，应认真思考、仔细分析，并不断总结，以逐步积累丰富的实验知识和经验．

# 第七章 提高实验

本章选编声速的测定、灵敏电流计的使用、迈克耳孙干涉仪的使用、全息照相、用光电效应法测普朗克常量和弗兰克-赫兹实验等六个实验项目。这些实验具有综合性较强、实验仪器比较复杂和实验方法新颖等特点。其中迈克耳孙干涉仪、光电效应和弗兰克-赫兹实验都是物理学发展史上的著名实验，都曾对近代科学技术的发展作出过重大的贡献。通过这些实验可使学生对物理学的发展历史、近代物理的重要概念和思想有较具体的认识，对进一步提高学生的科学实验能力和实验技能也能起一定的作用。

## 实验二十二 声速的测定

[目的]
1. 测定声波在空气中的传播速度。
2. 培养学生综合应用仪器设备的实验能力。

[原理]
声波的传播速度 $v$ 与其频率 $f$ 和波长 $\lambda$ 之间的关系为

$$v = f\lambda \qquad (7-1)$$

实验时，测得声波的频率 $f$ 和波长 $\lambda$，即可算出声速 $v$。测定声速的方法有多种，下面介绍相位比较法。

相位比较法测声速 $v$ 实验装置图如 7-1 图所示。$S_1$ 为发射换能器，能将低频信号发生器的电信号转换为平面超声波。$S_2$ 为接收换能器，能将超声波能量转换为电信号。将发射换能器和接收换能器的正弦信号电压分别输入示波器的"$x$ 轴输入"和"$y$ 轴输入"，在示波器的荧光屏上就观察到相互垂直的同频率的两个谐振动合成的李萨如图形。图形与两信号的相位差 $\Delta\varphi$ 有关，如图 7-2 所示。

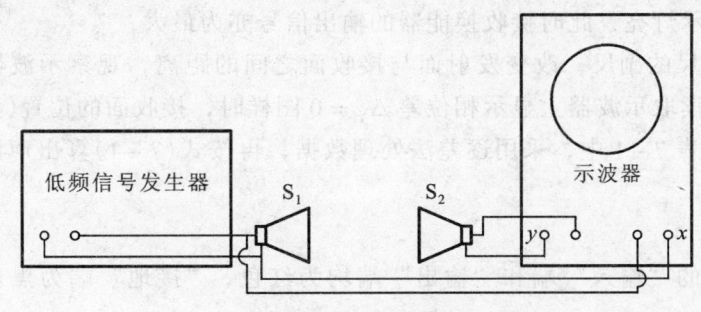

$S_1$—发射换能器；$S_2$—接收换能器
图 7-1 相位比较法测声速实验装置图

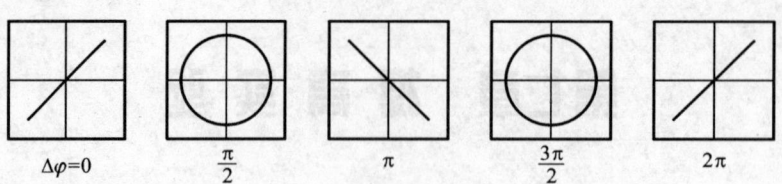

图 7-2 相互垂直的同频率的两个谐振动的合成

根据波动理论可知，在同一波线上相距 $L$ 的两点之间的相位差 $\Delta\varphi$ 为

$$\Delta\varphi = 2\pi \frac{L}{\lambda} \tag{7-2}$$

实验时，固定发射换能器 $S_1$，移动接收换能器 $S_2$，改变接收面与发射面之间距离 $L$，可以观察到相位的变化．当接收换能器移动一个波长 $\lambda$ 时，相位变化一个周期($2\pi$)，据此可以测出波长 $\lambda$．将波长 $\lambda$ 和声波频率 $f$ 代入式(7-1)，即可算出声波在空气中的传播速度．

[仪器]

声速测量仪，低频信号发生器，示波器．

声速测量仪由发射换能器、接收换能器和游标卡尺组成．发射换能器利用电致伸缩效应，将电信号转换为平面超声波，它固定在游标卡尺的主尺上．而接收换能器则利用压电效应，将超声波能量转换为电信号，它装在游标卡尺的副尺上，可以随副尺移动．移动游标卡尺的副尺，就可以精密地调节和测量两换能器之间的距离．

[步骤]

1. 按图 7-1 连接线路．将低频信号发生器的"输出"端与发射换能器的"输入"端(红色)连接．将发射换能器和接收换能器的正弦信号电压分别输入示波器的"$x$ 轴输入"和"$y$ 轴输入"．信号发生器"接地"端、示波器"接地"端以及两换能器"接地"端(黑色)均连接在一起．

2. 使发射换能器的发射面与游标卡尺的副尺移动方向垂直，并锁定．将接收换能器的接收面调到稍偏离发射面的位置，并锁定(避免在发射面与接收面之间产生驻波，且使接收端输出电压变化不过于悬殊，以致不利于用示波器观察合成图像)．

3. 改变低频信号发生器的输出信号频率，观察其电压表示数，在某一频率时，电压值下降最大，此频率即为发射换能器的谐振频率．当发射换能器处于谐振状态时，阻抗急剧下降．激励电流最大，指示灯亮．此时接收换能器的输出信号亦为最大．

4. 移动游标卡尺的副尺，改变发射面与接收面之间的距离，观察示波器荧光屏上李萨如图形的变化．依次读取示波器上显示相位差 $\Delta\varphi = 0$ 图样时，接收面的位置(参考图 7-2)．

5. 将数据填入表 7-1 中，采用逐差法处理数据，再按式(7-1)算出声波在空气中的传播速度．

[注意事项]

1. 两只换能器的"输入"端和"输出"端均为红色，"接地"端为黑色，使用时不要接错．

2. 所有仪器均应接好地线，以免外界电场引起测量误差．

[数据]

**表 7-1 相位比较法测定声速**

$f =$ \_\_\_\_ kHz；环境温度 = \_\_\_\_ ℃.

| Δφ=0 处编号 | 1 | 2 | 3 | 4 | 5 | 6 | 7 | 8 | 9 | 10 |
|---|---|---|---|---|---|---|---|---|---|---|
| 游标卡尺读数/mm | | | | | | | | | | |

$\overline{\lambda} =$ \_\_\_\_ m；

$\overline{v} =$ \_\_\_\_ m·s$^{-1}$.

[讨论]

在本实验中测定声速时，为什么要使发射换能器处于谐振状态？

# 实验二十三 灵敏电流计的使用

[目的]

1. 了解灵敏电流计的基本结构和基本原理，学习其使用方法.
2. 测定灵敏电流计的电流常量、内阻和外临界电阻，掌握控制其工作状态的方法.

[原理]

## 一、灵敏电流计的基本结构

灵敏电流计是一种高灵敏度的测量仪表，它的基本结构如图 7-3(a)所示，在永久磁铁 N、S 极之间，安置一个柱形软铁芯 F，使磁极与软铁芯之间产生均匀的径向磁场，如图 7-3(b)所示，矩形线圈用一根金属悬丝悬挂起来，该金属悬丝不仅作为线圈电流的进出引线，还作为线圈旋转的转轴，当线圈通有电流 $I_g$ 时，线圈在磁场中受到磁力矩而发生偏转，同时悬丝被扭转而产生反方向的弹性扭力矩，在偏转角为 $\theta$ 时，磁力矩和弹性扭力矩相等，线圈就达到平衡.

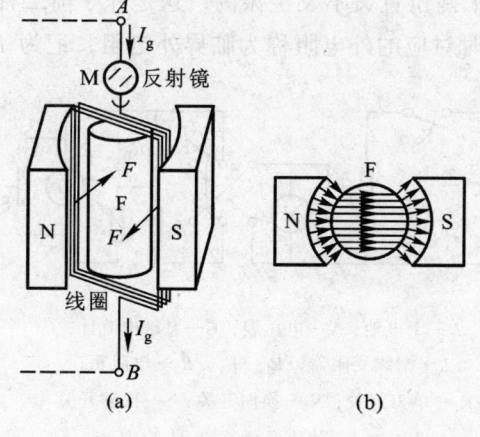

图 7-3 灵敏电流计的基本结构

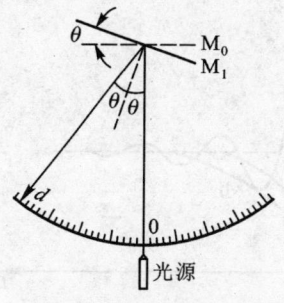

图 7-4 镜尺读数系统

在悬丝上粘附一面小圆镜,它把光源射来的光反射到一个弧形标尺上,并形成一光标,如图 7-4 所示.设当没有电流通过线圈时,反射光的光标位于弧形标尺"0"点上.当有电流 $I_g$ 通过线圈时,光标指在标尺刻度 $d$ 上.可以证明,电流 $I_g$ 的大小与光标偏转的长度 $d$ 成正比,即

$$I = kd \qquad (7-3)$$

式中比例常量 $k$ 称为**灵敏电流计的电流常量**,它在数值上等于光标移动一个单位长度时所通过的电流.在国际单位中,其单位为安[培]每毫米,记为 $A \cdot mm^{-1}$.

电流常量 $k$ 的倒数称为**灵敏电流计的灵敏度**,记为 $S$.显然灵敏度 $S$ 愈大,灵敏电流计就愈灵敏.

### 二、线圈运动的阻尼特性

在使用灵敏电流计时,我们常会看到,当通过灵敏电流计的电流发生变化时,光标会摆动很久才逐渐地停在新的平衡位置上,这时读数很费时间.一般指针式电表由于内部装有磁阻尼线圈,通电后指针很快摆到平衡位置上.灵敏电流计是否可以利用电磁阻尼控制线圈的运动状态,使之能迅速地停下呢?

根据电磁感应定律,线圈在磁场中运动将产生感应电动势,相应的感应电流与磁场相互作用而产生阻止线圈运动的电磁阻尼力矩 $M$.它的大小与回路的总电阻(电流计内阻 $R_g$ 与外电阻 $R_{out}$ 之和)成反比,即

$$M \propto \frac{1}{R_g + R_{out}} \qquad (7-4)$$

由上式可见,通过调节 $R_{out}$ 的大小,就可控制阻尼力矩 $M$ 的大小,从而控制线圈的运动状态.

1. 当 $R_{out}$ 较大时,$M$ 较小,线圈作来回减幅振动,需要经过较长时间才能停在新的平衡位置上,这种状态称为**阻尼振荡状态**,如图 7-5 曲线Ⅰ.

2. 当 $R_{out}$ 较小时,$M$ 较大,线圈缓缓地趋向新的平衡位置,这种状态称为**过阻尼状态**,如图 7-5 曲线Ⅱ.

3. 当 $R_{out}$ 等于某一定值时,线圈很快地达到平衡位置又不发生振荡,这是介于前二种状态的中间状态,称为**临界状态**,如图 7-5 曲线Ⅲ.这时对应的外电阻称为**临界外电阻**,记为 $R_c$.

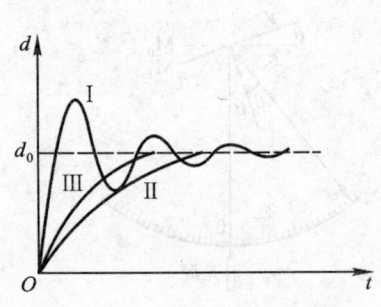

图 7-5 线圈的阻尼运动

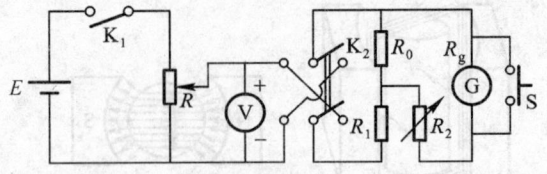

$E$—干电池;$V$—电压表;$G$—灵敏电流计;
$R$—滑线变阻器;$R_0$、$R_1$、$R_2$—电阻箱;
$K_1$—单刀开关;$K_2$—换向开关;$S$—按键开关

图 7-6 测量灵敏电流计的电流常量和内阻的电路图

从上述讨论可见,为了便于测量,**我们总是使灵敏电流计处于临界状态或接近临界状态下工作**.本实验的内容之一,就是测量灵敏电流计的临界外电阻.

当灵敏电流计开路时,阻尼很小,光标在标尺零点附近长时间的左右摆动不停,这是实验中不希望发生的.为此在灵敏电流计两端并联一个按键开关 $S$,如图 7 – 6 所示.按下按键,使灵敏电流计短路(外电阻为零),光标就很快停下来,这个按键通常称为阻尼开关.

### 三、测量电路

测量灵敏电流计的电流常量和内阻的电路图如图 7 – 6 所示.电源经过两次分压,在小电阻 $R_0$ 上得到极小的电压.设通过灵敏电流计的电流为 $I$,电压表上的电压为 $U$,在 $R_0 \ll R_1$,$R_0 \ll R_2$ 的情况下,有

$$I(R_2 + R_g) \approx \frac{UR_0}{R_1 + R_0}$$

$$\approx \frac{UR_0}{R_1} \tag{7-5}$$

将式(7 – 3)代入上式,化简可得

$$R_2 = \frac{UR_0}{kR_1 d} - R_g \tag{7-6}$$

上式表明,在 $U$、$R_0$ 和 $R_1$ 不变的情况下,$R_2 + R_g$ 与光标偏转的长度 $d$ 成反比,与电流计的电流常量 $k$ 成反比.

在保持电压 $U$、电阻 $R_0$ 和 $R_1$ 不变的情况下,改变电阻 $R_2$ 的大小,就可以得到一组相应的光标偏转长度 $d$ 的数值,以光标偏转长度的倒数 $\frac{1}{d}$ 为横坐标,以电阻 $R_2$ 为纵坐标,作 $R_2 - \frac{1}{d}$ 图线.该图线为一条直线,从图线中求出直线的斜率 $a$,则灵敏电流计的电流常量为

$$k = \frac{UR_0}{aR_1} \tag{7-7}$$

求出直线的截距 $b$,则灵敏电流计的内阻 $R_g$ 为

$$R_g = -b \tag{7-8}$$

[仪器]

AC – 15 型直流复射式检流计,电阻箱,电压表,滑线变阻器,干电池,按键开关,换向开关,单刀开关.

本实验以 AC—15 型直流复射式检流计作为所研究的灵敏电流计,其面板图如图 7 – 7 所示.该检流计用的是光影法读数系统,为使仪器在较小的内壳里有较高的灵敏度,由光源发出的一束光经过悬丝上的小镜和多面平面镜及球面镜多次反射后,再投影到标尺上,由投影到标尺上的光影(称为光指针)的位置来读数.

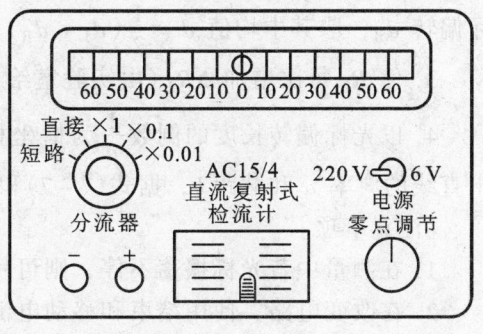

图 7 – 7 AC—15 直流复射式检流计面板图

检流计所用照明电源有两种，一种是 220 V，另一种是 6.3 V．检流计设有零点调节器和标盘活动调零器，零点调节器为零点粗调，标盘活动调零器为零点细调．

检流计有一"分流器"，分为"短路"、"直接"、"×1"、"×0.1"、"×0.01"挡．测量时应从最低灵敏度开始，若偏转不大，则可逐步转到高灵敏度测量，"×0.01"挡为最低灵敏度挡．为防止检流计悬丝、导电游丝因受机械振动而损坏，设有"短路"挡．

[步骤]

### 一、调节灵敏电流计

1．将电源开关置于 220 V 挡，接通电源．

2．光标出现后，将"分流器"置于"×0.01"挡，转动零点"调节"旋钮，将光标调至标尺零点附近(2～3 mm 以内)，微调"标盘活动调零器"，使光标与标尺零点重合．

### 二、观察灵敏电流计的三种运动状态，测量临界外电阻

1．按图 7-6 接好电路，开关 $K_1$、$K_2$ 先断开，经教师检查后方可接通电源．$R_2$ 的值先取临界外电阻 $R_c$（由仪器铭牌上读取）的 4～5 倍，$R_0 < 10 \, \Omega$，$R_0$、$R_1$ 的值由实验室给出．

2．合上开关 $K_1$，调节滑线变阻器 $R$ 使电压表读数为零．然后再合上 $K_2$，缓缓增加电压，观察光标的运动，直至偏转到标尺满刻度的一半左右，再断开 $K_2$，观察光标的运动．同时练习使用按键开关 S，使光标停在零刻线上．反向接通 $K_2$，重复上述实验．

3．使光标偏转到标尺满刻度的一半左右，先使 $R_2$ 较大，断开 $K_2$，观察光标振荡情况，然后使 $R_2$ 减小（同时减小电压，使光标不至超过满刻度），直至 $R_2$ 减小到光标不发生振动，即光标很快回到零刻线又恰好不超过零刻线，这时灵敏电流计处于临界阻尼状态．记下此时 $R_2$ 的值，则外临界电阻 $R_c = R_0 + R_2$．

4．再减小 $R_2$ 的值，断开 $K_2$，观察光标的阻尼状态，此时光标以非常缓慢的速度趋向于零刻线．

### 三、测量灵敏电流计的电流常量和内阻

1．将"分流器"置于"×1"挡，调节滑线变阻器 $R$，使光标偏转接近满刻度．

2．将电阻 $R_2$ 的值和光标偏转 $d_L$ 记入表 7-2 中．开关 $K_2$ 换向，使光标反向偏转，记取光标偏转 $d_R$，取其中均值 $\overline{d} = \frac{1}{2}(d_L + d_R)$，以消除悬丝左右扭转时不对称带来的影响．

3．使 $R_2$ 每次增加 $\Delta R_2$（由实验室给出），共 8 次，重复步骤 2．

4．以光标偏转长度的倒数 $\frac{1}{d}$ 为横坐标，电阻 $R_2$ 为纵坐标，作 $R_2 - \frac{1}{d}$ 图线．从图线中求出直线的斜率 $a$ 和截距 $b$，据式(7-7)和式(7-8)分别求出灵敏电流计的电流常量和内阻．

[注意事项]

1．在测量中若光标振荡不停，则可用按键开关 S，使电流计受到阻尼．

2．在改变电路、使用结束和移动电流计时，均应将电流计的"分流器"置于"短路"挡，使电流计处于短路状态．

3．接通电源后，若在标尺上未出现光标时，可将"分流器"置于"直接"挡，并将电流

计轻微摆动,如有光标影像扫掠,则可调节"零点调节器",使光标调至标尺上.

[数据]

表7-2 测量灵敏电流计电流常数和内阻

| 次数 | | 1 | 2 | 3 | 4 | 5 | 6 | 7 | 8 |
|---|---|---|---|---|---|---|---|---|---|
| $R_2/\Omega$ | | | | | | | | | |
| $d$/mm | $d_L$ | | | | | | | | |
| | $d_R$ | | | | | | | | |
| | $\bar{d}$ | | | | | | | | |
| $\frac{1}{d}$/mm$^{-1}$ | | | | | | | | | |

$R_0 = $ _____ $\Omega$; $R_1 = $ _____ $\Omega$; $R_c = $ _____ $\Omega$; $U = $ _____ V.
$a = $ _____ $\Omega \cdot$m;
$b = $ _____ $\Omega$;
$k = $ _____ A·mm$^{-1}$;
$R_g = $ _____ $\Omega$;

[讨论]
1. 与指针式检流计相比,直流复射式检流计具有较高灵敏度的原因有哪些?
2. 为什么在搬移检流计时,要使检流计处于短路状态?

## 实验二十四 迈克耳孙干涉仪的使用

[目的]
1. 学习迈克耳孙干涉仪的原理和调节方法.
2. 观察等倾干涉条纹及其特点.
3. 用迈克耳孙干涉仪测量光波波长.

[仪器]
迈克耳孙干涉仪,He-Ne激光器,扩束镜.

迈克耳孙干涉仪是应用光的干涉原理,测量长度或长度变化的精密的光学仪器,其光路如图7-8(a)所示.

单色光S经扩束镜L后成为发散光束,该光束射到与光束成45°倾角的分光板$G_1$上,$G_1$的后表面为镀有金属的半反射膜,光束被半反射膜分成强度大致相同的反射光(1)和透射光(2).这两束光沿着不同方向射到两个平面镜$M_1$和$M_2$上,经两平面镜反射至$G_1$后汇合在一起.仔细调节$M_1$和$M_2$就可在E处观察到干涉条纹,$G_2$为补偿板,其材料和厚度与$G_1$相同,用以补偿光束(2)的光程,使光束(2)和光束(1)在玻璃中走过的光程大致相等.$M'_2$是平面镜$M_2$对半反射膜的虚像,所以从$M_2$上反射的光,可以看成是从虚像$M'_2$处发出来的.

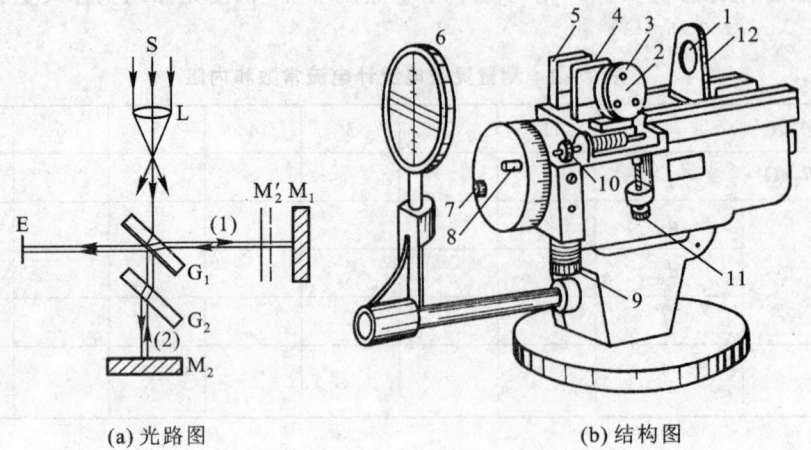

(a) 光路图　　　　　　　　　　(b) 结构图

S—激光束；L—扩束透镜；$G_1$—分光板；
$G_2$—补偿板；$M_1$，$M_2$—反射镜；
E—观察屏

1—反射镜 $M_1$；2—反射镜 $M_2$；3，12—$M_1$、$M_2$ 镜面调节螺丝；4—补偿板；5—分光板 $G_1$；6—观察屏；7—粗调手轮；8—紧固螺丝；9—微调鼓轮；10，11—反射镜 $M_2$ 的微调装置

图 7-8　迈克耳孙干涉仪

WSM—100 型迈克耳孙干涉仪结构如图 7-8(b)所示，两个平面反射镜 $M_1$ 和 $M_2$ 安置在相互垂直的两个臂上，其中平面镜 $M_2$ 是固定的，平面镜 $M_1$ 可在精密的导轨上前后移动，以便改变两束光的光程差，移动范围在 0~100 mm 内．平面镜 $M_1$、$M_2$ 的背后各有三个微调螺丝(图中的 3、12)，用以改变平面镜 $M_1$、$M_2$ 的角度．在平面镜 $M_2$ 的下端还附有两个方向相互垂直的拉簧螺丝 10、11，可以细调平面镜 $M_2$ 的倾斜度．分光板 $G_1$ 固定在两臂轴线的相交处，补偿板 $G_2$ 固定在分光板 $G_1$ 和平面镜 $M_2$ 之间．

移动平面镜 $M_1$ 有两种方式，一是旋转粗调手轮 7 可以较快地移动 $M_1$，二是旋转微调鼓轮 9 可以微量移动 $M_1$．转动微调鼓轮前，先要拧紧紧固螺丝 8；转动粗调手轮前必须松开紧固螺丝 8，否则会损坏精密的丝杆．平面镜 $M_1$ 的位置读数由三部分组成：从导轨上读出毫米以上的值；仪器窗口的刻度盘上读到 0.01 mm；在微动手轮上最小刻度值为 0.001 mm，还可估读到 0.001 mm 的 $\frac{1}{10}$．

[原理]

## 一、等倾干涉条纹

等倾干涉条纹是迈克耳孙干涉仪所能产生的一种重要的干涉图像．在图 7-8 中，如果平面镜 $M_1$ 和 $M_2$ 相互垂直，则 $M_1$ 与 $M_2$ 对半反射膜的虚像 $M_2'$ 就相互平行．当用光源照射时，我们在 E 处观察到的干涉条纹就可以视为反射镜 $M_1$ 和虚反射镜 $M_2'$ 所反射的光叠加而成的．

如图 7-9 所示，当一束光入射到 $M_1$、$M_2'$ 而分别反射出

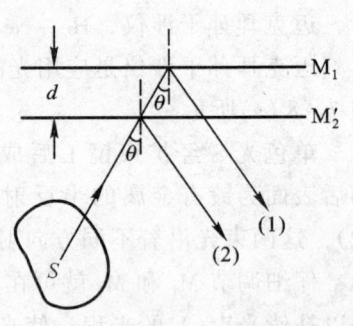

图 7-9　等倾干涉光程差示意图

(1)、(2)两条光束时，由于(1)、(2)来自同一光束，是相干的，由几何关系可以求得两光束的光程差 $\Delta$ 为

$$\Delta = 2d\cos\theta \tag{7-9}$$

式中 $d$ 为 $M_1$、和 $M'_2$ 之间的距离；$\theta$ 为入射光束的入射角．

根据光的干涉条件，当

$$\Delta = 2d\cos\theta = \begin{cases} k\lambda, & k=1,2,\cdots \quad \text{明纹} \\ (2k+1)\dfrac{\lambda}{2}, & k=0,1,2,\cdots \quad \text{暗纹} \end{cases} \tag{7-10}$$

由式(7-9)可见，当 $d$ 一定时，光程差 $\Delta$ 只决定于入射角 $\theta$．因此，具有相同入射角的光经反射镜 $M_1$ 和 $M'_2$ 反射后，在相遇点有相同的光程差．也就是说，**凡入射角相同的光就形成同一条干涉条纹**．这样的干涉条纹称为**等倾干涉条纹**．当用单色扩展光入射时，我们在毛玻璃屏上观察到一组明暗相间的同心圆条纹．由于 $\theta$ 越小，$\cos\theta$ 越大，据式(7-10)，$k$ 的级数也就越大，所以干涉条纹的级次以圆心为最大．

当 $M_1$ 和 $M'_2$ 靠近，即 $d$ 减小时，对某一圈条纹 $2d\cos\theta$ 要保持恒定，此时 $\theta$ 就要变小．若我们跟踪观察某一圈条纹，将看到该干涉圈变小，向中心收缩．每当 $d$ 减小 $\dfrac{\lambda}{2}$，干涉条纹就向中心消失一个．当 $M_1$ 和 $M'_2$ 接近时，条纹变粗变疏．当 $M_1$ 和 $M'_2$ 完全重合时（即 $d=0$）时，视场亮度均匀．

当 $M_1$ 继续沿原方向前进时，$d$ 逐渐由零增加，将看到干涉圆纹一个一个地从中心冒出来，每当 $d$ 增加 $\dfrac{\lambda}{2}$，就从中心冒出一个干涉圆纹，随着 $d$ 的增加，条纹重叠成为模糊一片．图 7-10 表示当 $d$ 变化时对干涉条纹的影响．

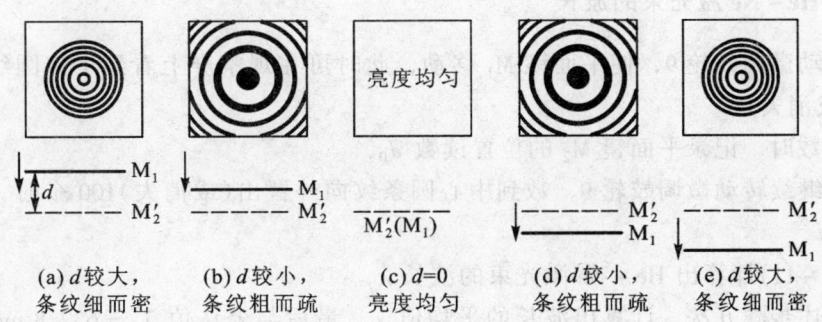

(a) $d$ 较大，条纹细而密　(b) $d$ 较小，条纹粗而疏　(c) $d=0$ 亮度均匀　(d) $d$ 较小，条纹粗而疏　(e) $d$ 较大，条纹细而密

图 7-10　等倾干涉条纹

## 二、测量光波的波长

在等倾干涉条件下，设平面镜 $M_1$ 移动距离 $\Delta d$ 时，相应冒出（或消失）的圆条纹数为 $N$，则

$$\Delta d = N\frac{\lambda}{2} \tag{7-11}$$

由上式可见，只要测量平面镜 $M_1$ 移动的距离 $\Delta d$，同时数出相应冒出（或消失）的圆条纹数 $N$，就可算出光波的波长．

[步骤]

### 一、迈克耳孙干涉仪的调节

1．仪器粗调　调节三脚底座下的三只调平螺丝，使仪器置于水平位置．转动粗调手轮 7，使平面镜 $M_1$、$M_2$ 与分光板 $G_1$ 之间的距离大致相等．

2．调节激光束方向　将 He–Ne 激光器放在可调的支架上，接通电源．调节支架螺丝，使激光束大致垂直于仪器导轨，并使其射向分光板 $G_1$ 的中心部位．

3．使入射光垂直于平面镜 $M_2$　在激光器前放一孔屏（或直接利用激光束的出射孔），激光束经孔屏射向平面镜 $M_2$，遮住平面镜 $M_1$，用自准法调节 $M_2$ 背后的三个镜面调节螺丝，使由 $M_2$ 反射回来的一组光点像中的最亮点返回孔屏中，此时入射光大致垂直于平面镜 $M_2$．

4．调节平面镜 $M_1$ 使其和 $M_2$ 垂直　遮住平面镜 $M_2$，调节平面镜 $M_1$ 背后的三个镜面调节螺丝，使由 $M_1$ 反射回来的一组光点像中最亮点返回孔屏中，此时平面镜 $M_1$ 和 $M_2$ 大致相互垂直．

5．移去孔屏，观察由平面镜 $M_1$、$M_2$ 反射在观察屏上的两组光点象，再仔细微调 $M_1$、$M_2$ 背后的三个镜面调节螺丝，使两组光点像中最亮两点完全重合．

6．在光源与分划板 $G_1$ 之间放一扩束镜，则在观察屏上出现干涉条纹．仔细调节平面镜 $M_2$ 下端的拉簧微调螺丝 10、11，使同心的圆形干涉条纹位于观察屏的中心．

### 二、测量 He–Ne 激光束的波长

1．轻轻转动微调鼓轮 9，使平面镜 $M_1$ 移动，此时可在观察屏上看到干涉圆纹一个一个地从中心冒出（或消失）．

2．开始记数时，记录平面镜 $M_2$ 的位置读数 $d_0$．

3．同方向继续转动微调鼓轮 9，数到中心圆条纹向外冒出（或消失）100 个时，再记录平面镜 $M_1$ 的位置 $d$．

4．由式（7–11）计算出 He–Ne 激光束的波长 $\lambda$．

5．重复上述步骤五次，计算出波长的平均值 $\bar{\lambda}$，最后与公认值 $\lambda_0 = 632.8$ nm 比较，计算出相对误差．

[注意事项]

1．请勿触及激光器的高压电极．

2．眼睛不要正对着激光束观察，以免损伤视力．

3．每次测量中，微调鼓轮只能向同一方向旋转，以免引起间隙误差．

4．请勿用手触摸迈克耳孙干涉仪的光学元件．

[数据]

表 7–3 测量 He–Ne 激光束的波长

| 次数 | $d_0$/mm | $d$/mm | $\Delta d$/mm ($\Delta d = d - d_0$) | $N$ | $\lambda$/nm |
|---|---|---|---|---|---|
| 1 | | | | | |
| 2 | | | | | |
| 3 | | | | | |
| 4 | | | | | |
| 5 | | | | | |

$\overline{\lambda}$ = _____ nm;

$E_r = \dfrac{\overline{\lambda}}{\overline{\lambda} - \lambda_0} \times 100\% = $ _____.

[讨论]
1. 迈克耳孙干涉仪观察到的圆条纹与牛顿环的圆条纹有何本质的不同?
2. 为什么由平面镜 $M_1$ 反射回来的亮点不是一个,而是几个?

# 实验二十五  全息照相

[目的]
1. 了解全息照相的基本原理和特点.
2. 学习全息照片的摄制和再现物像的观察方法.

[原理]
从物理光学可知,描述光波的特征物理量是振幅、相位和波长.对于单色光,它所载有的特征信息就是它的振幅和相位.普通照相过程是以几何光学的规律为基础,仅仅记录了物体各点发出(辐射或反射)的光波强度(振幅)的分布状况.而全息照相是以干涉和衍射等物理光学的规律为基础,将物体各点发出的光波的全部信息——振幅和相位的分部状况全部地记录下来.

全息照相不仅在基本原理上与普通照相不同,而且从拍摄方法到再现方法也与普通照相完全不同.它分为全息记录和全息再现这两个主要过程.

拍摄全息照片的光路图如图7–11所示,由激光器射出激光束通过分光板被分成两束相干光,一束相干光入射到平面镜 $M_2$ 上反射后,经透镜 $L_2$ 扩束,照射到全息照相的底片——全息干板上,这束光称为**参考光**;另一束相干光经平面镜 $M_1$ 反射,再被透镜 $L_1$ 扩束后,照射到被摄物体上,经漫反射(对于透明的被摄物体则为透射)后也射到全息干板上,这部分光称为**物光**.

参考光和物光在全息干板上相遇后产生干涉,这样把物光波前的振幅和相位信息转换成全息干板上的干涉条纹信息,从而利用干涉条纹的形状、明暗程度和疏密状况将物光的全部信息记录下来.

全息干板经过显影、定影后,便成为一张全息照片.

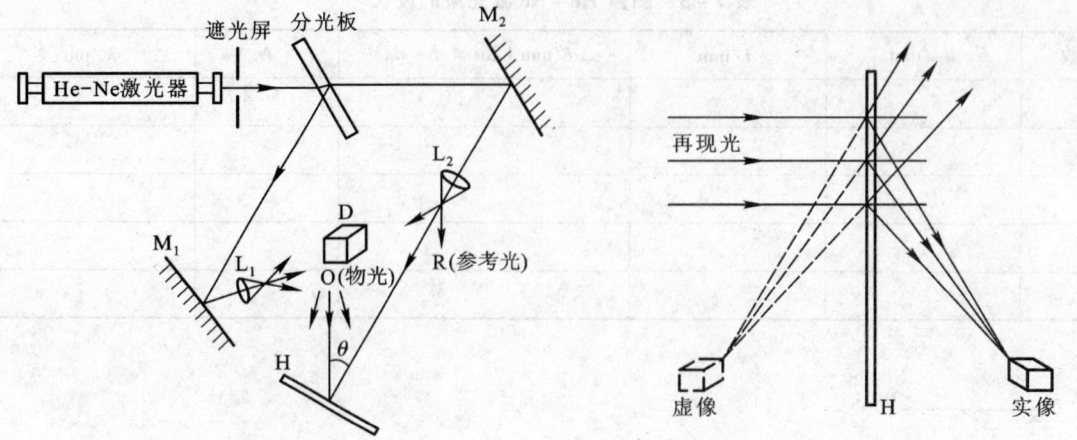

图 7-11　拍摄全息照片的光路图　　　　图 7-12　全息照片的再现

由于全息照片上记录的是干涉条纹，因此不能直接从全息照片上观察到物体的像．如图 7-12 所示，只有用与原参考光相同的光，以同样的角度照射全息照片，才能重现被摄物体的立体像，这时所用的光称为**再现光**．

对于再现光，全息照片相当于一块复杂的光栅，当再现光照射到全息照片时，在全息照片的后面出现一系列透射的衍射波，其中包含着原来的物光波的波前，和物体在拍摄时的原位置发出的光波完全一样，人们在全息照片前看到的立体像就是这个再现波前所产生的虚像．另外，还有衍射波在原物体对称的位置上形成的物体的实像，称为**共轭像**．

全息照相有很多重要的特点．

1. 由于全息照片记录了物光波前的全部信息，因而再现出来的像也是与物体完全一样的立体图像．

2. 由于全息照片上的每一部分都记载了物体上各点漫反射出来的光信息，所以全息照片具有可分割性，它的任一部分在再现光的照射下，都能再现原来物体的完整图像．

3. 在同一块全息干板上，可以采用不同角度进行多次拍摄，从而记录多个不同的图像．再现时，在不同的衍射方向上能互不干扰地单独显示每一个物像．

[仪器]

全息实验台，He-Ne 激光器，分光板，扩束镜，反射镜，调节支架．

全息实验台是用来保证全息拍摄系统的稳定性的工作台．常用的小型轻便全息台由三个气囊和一块钢板放在实验桌上组成，气囊充有一定量的气体，用来支撑钢板．达到要求后，将全息台放置一两天，气囊形变稳定，全息台就处于最佳状态．

[步骤]

1. 按图 7-11 布置好各光学元件，为了使物光和参考光在全息干板上进行干涉，布置光路时应注意以下几点：

(1) 物光和参考光的光程差要小，为此可用米尺从分光板量起，使它们到达全息干板的光程差尽量相等．

(2) 物光与参考光的夹角不宜过大，否则会使干涉条纹间距过小而对全息干板的分辨率要求过高，一般夹角以 30°～45°为宜．

(3) 合理安排透镜 $L_1$，使被摄物体各部分光照均匀．

2．关闭暗室照明光源，将全息干板装在底片夹上，药膜面对着被摄物体．系统稳定后打开激光光源进行曝光(曝光时间由实验室给出)．

3．将曝光后的干板进行显影、定影、漂白、水洗、最后烘干．

4．将扩束后的激光束以参考光相同的角度照射全息照片，照片的药膜面对着光束，从全息照片另一侧即可观察到被摄物体的立体像．

[注意事项]

1．保持各光学元件的清洁，请勿用手触摸．

2．切勿用眼睛正视激光束，以免损伤视网膜．

3．安装干板时动作要轻，切忌触动其他光学元件．

[讨论]

1．全息照相与普通照相有哪些不同？全息照片的主要特点是什么？

2．在布置光路时，为什么尽量要使物光和参考光的光程相等？

## 实验二十六　用光电效应法测普朗克常量

[目的]

1．了解光电效应的基本规律．

2．用光电效应法测定普朗克常量．

[原理]

在光照射下，电子从金属表面逸出的现象，称为**光电效应**，逸出的电子称为**光电子**．普朗克常量 $h$ 是自然界中一个重要的普适常量，目前公认为

$$h = 6.626\,075\,5 \times 10^{-34} \text{ J·s}$$

1905 年爱因斯坦在解释光电效应时，认为光本身可以看成由微粒构成的粒子流，这些粒子称为**光量子**，以后称**光子**．光子的能量为 $h\nu$．当频率为 $\nu$ 的光照射金属表面时，单个电子吸收了一个光子能量，一部分消耗于电子的逸出功 $W$，另一部分转换为电子逸出金属表面时初动能 $\frac{1}{2}mv^2$，即

$$h\nu = \frac{1}{2}mv^2 + W \tag{7-12}$$

上式称为**爱因斯坦光电效应方程**，由该式可见，入射在金属表面的光的频率越高，光电子的初动能越大．

光电效应法测定普朗克常量的实验原理如图 7-13 所示，当频率为 $\nu$ 的光照射在光电管的阴极 K 上时，随即有光电子从阴极逸出．如图所示，在阴极 K 和阳极 A 之间加有反向电压 $U$，它在电极 K、A 之间建立起的电场对光电子起减速作用，随着反向电压 $U$ 的增加，到达阳极的光电子数目将逐渐减少．图 7-14 给出光电管的 $I-U$ 特性曲线，当 $U = U_s$ 时，光电流 $I = 0$，光电流为零，说明逸出金属表面的光电子全部不能达阳极 A．因此 $U_s$ 称为**外加遏止电压**．显然，此时有

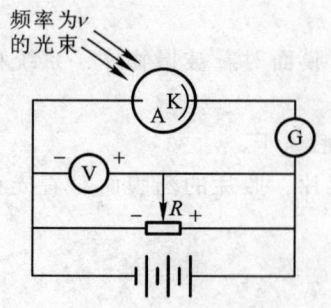

图 7-13　实验原理图

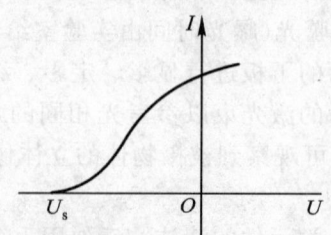

图 7-14　光电管的 $I-U$ 曲线

$$eU_s = \frac{1}{2}mv^2 \tag{7-13}$$

将上式代入式(7-12)，可得

$$U_s = \frac{h\nu}{e} - \frac{W}{e} \tag{7-14}$$

上式表明，**外加遏止电压 $U_s$ 与入射光频率 $\nu$ 成正比**. 实验时，用不同频率的单色光分别照射光电管阴极，测得相应 $I-U$ 特性曲线，再从这些曲线上确定相应的外加遏止电压 $U_s$ 的值. 以入射光的频率 $\nu$ 为横坐标，外加遏止电压 $U_s$ 为纵坐标，作 $U_s-\nu$ 图线，该图线为一直线，求出直线的斜率 $k$，则普朗克常量 $h$ 为

$$h = ke \tag{7-15}$$

应当指出，在实验进行时，光电管中还伴有两个现象，即阳极的光电子发射和暗电流. 阳极的光电子发射是阳极材料在光照下发射的光电子. 对这些光电子而言，外加反向电场是加速电场，因此它们很容易达到阴极，形成反向电流. 暗电流则是在无光照射时，外加反向电压下光电管流过的微弱电流. 由于这两个因素的影响，实验中实测的 $I-U$ 特性曲线往往如图 7-15 所示. 曲线的下部转变为直线，转变点 $a$（抬头点）对应的外加电压值才是外加遏止电压.

[仪器]

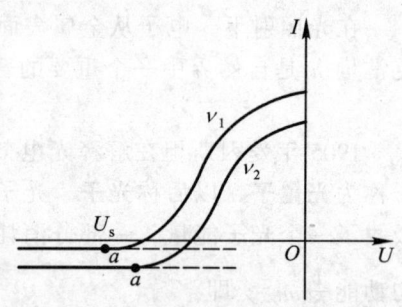

图 7-15　$I-U$ 实验曲线

GP-1 型普朗克常量测定仪.

GP-1 型普朗克常量测定仪包括四个部分，现介绍如下：

1. GDh-1 型光电管，光谱范围为 340~700 nm，阴极的光灵敏度约 $1\ \mu A \cdot Lm^{-1}$，暗电流约 $10^{-12}$ A. 为了避免杂散光和外界电磁场对微弱光电流的干扰，光电管安放在铝质暗盒中. 暗盒窗口可以安放 $\phi 5$ mm 的光阑孔和 $\phi 36$ mm 的各种带通滤色片，暗盒的背面为接线面板，如图 7-16 所示.

2. 光源采用 GGQ-50WHg 高压汞灯，在 302.3~872.0 nm 的谱线范围内有 365.0 nm、404.7 nm、435.8 nm、491.6 nm、546.1 nm、557.0 nm 等谱线可供实验使用.

3. NG 型滤色片，是一组外径为 φ36 mm 的宽通带型有色玻璃组合滤色片，具有滤选 365.0 nm、404.7 nm、435.8 nm、546.1 nm、577.0 nm 等谱线的能力．

4. GP-1 型微电流测量放大器的电流测量范围在 $10^{-5} \sim 10^{-13}$ A，分六挡十进变换．机内附有稳定度 ≤1‰、$-3V \sim +3V$ 精密连续可调的光电管工作电源．电压量程分为 $0 \sim \pm 1V \sim \pm 2V \sim \pm 3V$ 六段读数，读数精度 0.02 V．还可配合 $x-y$ 函数记录仪，自动描绘出光电管的 $I-U$ 特性曲线，GP-1 型微电流测量放大器面板如图 7-17 所示．

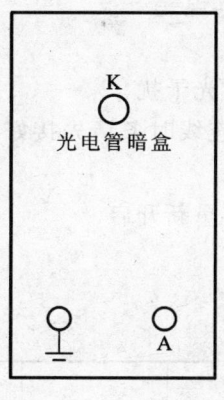
图 7-16 暗盒接线面板图

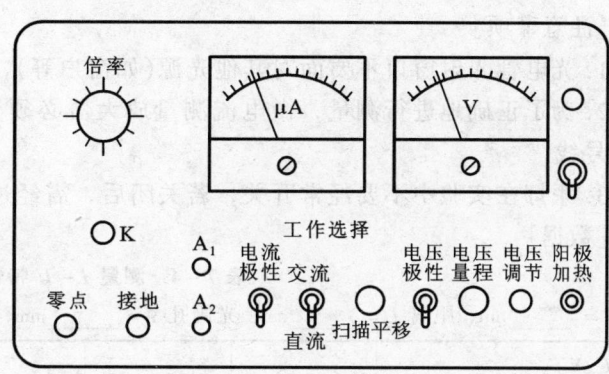
图 7-17 GP-1 型微电流测量放大器面板图

[步骤]

## 一、测试前的准备

1. 光源与光电管暗盒相距 30~50 cm，并使光源出射孔对准暗盒窗口．打开光源开关，让光源预热 15 min．

2. 将微电流测量放大器面板上各开关、旋钮置于下列位置：

"倍率"开关置于"短路"；"电流极性"开关置于"-"；"工作选择"开关置于"直流"；"扫描平移"旋钮任意；"电压极性"开关置于"-"；"电压量程"开关置于"-3 V"挡；"电压调节"旋钮逆时针调至最小．

3. 打开微电流测量放大器电源，让其预热 20~30 min．

4. 待微电流测量放大器充分预热后，先调节零点，后校正满度（满度旋钮在机后）．

## 二、测量光电管 $I-U$ 特性曲线

1. 正确连接微电流测量放大器与光电管暗盒之间的地线、屏蔽电缆和阳极电源线．

2. 移去光电管暗盒光阑上的遮光罩，换上滤色片，记下滤色片滤选的光波波长和频率．

3. 将微电流测量放大器的"倍率"开关置于"$\times 10^{-5}$"挡，在实验测量中可依次换挡，以微安表指示值不超过量程为限．

4. "电压调节"开关从 -3 V 或 -2 V 调起，并适时地改变"电压量程"和"电压极性"开关，仔细读出不同电压下的光电流值，并记入表 7-4 中．

5. 以 $U$ 为横坐标，$I$ 为纵坐标，作光电管的 $I-U$ 特性曲线，并找出电流开始明显变化的抬头点，确定外加遏止电压 $U_s$。

### 三、测量 $U_s-\nu$ 图线

1. 逐一换上不同波长的滤光片，仔细调节"电压调节"旋钮，并观察光电流的变化，确定光电流开始明显变化的抬头点所对应的电压值，并记入表 7-5 中。

2. 以 $\nu$ 为横坐标，$U_s$ 为纵坐标，作 $U_s-\nu$ 图线，该图线为直线，求出直线的斜率 $k$。

3. 由式 (7-15) 计算出普朗克常量 $h$，并与公认值比较，计算其误差。

[注意事项]

1. 光电管入射窗口不要面对其他光源（如窗户等），以减少杂散光干扰。

2. 为了正确地进行测量，微电流测量放大器必须充分预热。连线时务请先接好地线，再接讯号线。

3. 汞灯在实验中不要经常开关，若关闭后，需经过一段时间再重新开启。

[数据]

表 7-4 测量 $I-U$ 特性曲线

$\lambda = $ _____ nm；距离 $L = $ _____ cm；光阑孔 $\phi = $ _____ mm.

| $U$/V | | | | | | |
|---|---|---|---|---|---|---|
| $I/(10^{-11}\text{A})$ | | | | | | |

表 7-5 测量 $U_s-\nu$ 图线

距离 $L = $ _____ cm；光阑孔 $\phi = $ _____ mm.

| $\lambda$/nm | 365.0 | 404.7 | 435.8 | 546.1 | 577.0 |
|---|---|---|---|---|---|
| $\nu/(10^{14}\text{Hz})$ | 8.22 | 7.41 | 6.88 | 5.49 | 5.20 |
| $U_s$/V | | | | | |

$k = $ _____ V·s；

$h = $ _____ J·s；

$E_r = \dfrac{h-h_0}{h_0} \times 100\% = $ _____.

[讨论]

1. 当加在光电管两极间的电压为零时，光电流却不为零，这是为什么？

2. 为什么反向电压加到一定值后，光电流会出现负值？

# 实验二十七　弗兰克-赫兹实验

[目的]

测定汞原子的第一激发电势，证明原子能级的存在。

[原理]

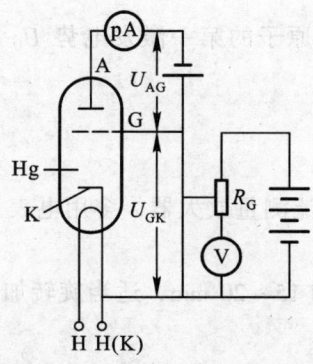

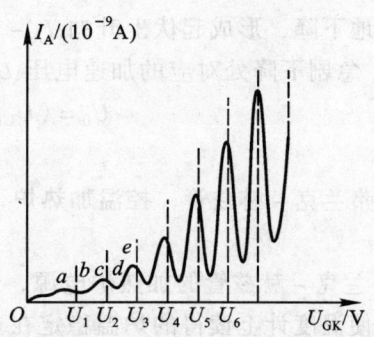

图 7-18  弗兰克-赫兹实验原理图

图 7-19  弗兰克-赫兹管的 $I_A$-$U_{GK}$ 曲线

为了实现原子从低能级到高能级的跃迁，可以使原子吸收一定的频率 $\nu$ 的光子，也可以使具有一定能量的电子与原子相碰撞．1914 年弗兰克和赫兹用"慢"电子和稀薄原子相碰撞的方法，使原子从低能级激发到高能级，从而证明原子能级的存在，其实验装置图如图 7-18 所示．

弗兰克-赫兹管是一种充有汞气的特制三极管，在栅极 G 和阴极 K 之间加有正向电压 $U_{GK}$，在板极 A 和栅极 G 之间加有反向电压 $U_{AG}$．从热阴极发出的电子，在 KG 空间正向电压 $U_{GK}$ 的作用下加速，获得越来越大的能量．当进入 GA 空间时，如果电子具有的能量大于 $eU_{AG}$，就能冲过反向拒斥电场而到达板极形成板流 $I_A$，由微电流计 pA 检出．

图 7-19 给出板流 $I_A$ 随加速电压 $U_{GK}$ 变化的实验曲线．从图可见，板流 $I_A$ 并非总是随着加速电压 $U_{GK}$ 的增加而增大的．在起始阶段，$I_A$ 随 $U_{GK}$ 的增加而增大，当 $I_A$ 达到峰值后，随 $U_{GK}$ 的增加，$I_A$ 急剧下降，然后 $I_A$ 又随 $U_{GK}$ 的增加而增大，出现第一个"波"；此后，又出现第二个峰值和第二个"波"，等等．

为什么会出现上述的实验结果呢？设汞原子的基态能量为 $E_1$，第一激发态的能量为 $E_2$，当电子与汞原子相碰撞时，若电子的动能 $E_k$ 小于汞原子第一激发态能量 $E_2$ 与基态能量 $E_1$ 之差，即 $E_k < E_2 - E_1$，电子不能使汞原子激发，此时电子与汞原子作弹性碰撞，碰撞后电子仍按原有的速率运动．在这种情况下，板流 $I_A$ 将随加速电压 $U_{GK}$ 的增加而增大，如图 7-19 的 $Oa$ 段．若电子的动能 $E_k$ 达到某一临界值 $eU_0$

$$eU_0 = E_2 - E_1 \tag{7-16}$$

时，电子将与汞原子作非弹性碰撞．电子将自己从加速场中获得的全部能量传递给汞原子，并使之从基态跃迁到第一激发态．$U_0$ 称为**汞原子的第一激发电势**．这时的电子或者无法通过栅极，或者穿过了栅极而不能克服反向拒斥电场的作用到达板极，因此板流急剧地下降，如图 7-19 中 $ab$ 段．随着加速电压 $U_{GK}$ 的继续增加，电子的能量也越来越高，它与汞原子相撞，虽失去部分能量，余留的能量足够克服反向拒斥电场的作用，因而可以达到板极，这时板流开始上升，如图 7-19 中的 $bc$ 段．直到加速电压 $U_{GK}$ 增加到 $2U_0$ 时，电子因第二次碰撞失去能

量,导致板流第二次急剧的下降,如图 7-19 中 $cd$ 段. 同理,只要

$$U_{GK} = nU_0, \quad n = 1, 2, \cdots \tag{7-17}$$

板流都会急剧地下降. 形成起伏上升的 $I_A - U_{GK}$ 曲线,而汞原子的第一激发电势 $U_0$ 应该等于相邻的板流 $I_A$ 急剧下降处对应的加速电压 $U_{GK}$ 之差,即

$$U_0 = (U_{GK})_{n+1} - (U_{GK})_n$$

[仪器]

FH-1 型弗兰克-赫兹管,控温加热炉,FH-1 型微电流测量放大器,多用电表.

[步骤]

1. 接通弗兰克-赫兹管的加热炉电源,让加热炉升温约 15~20 min,适当旋转加热炉右侧的控温旋钮,使温度计上读得的炉温稳定在 160 ℃左右.

2. 在加热炉加热的同时,接通微电流测量放大器电源,让其预热. 微电流测量放大器面板图如图 7-20 所示,将仪器"栅压选择"开关拨向"M",此时可观察到栅压电表指针缓慢地来回摆动. 然后再将"栅压选择"开关拨向"DC",预热 20~30 min 左右.

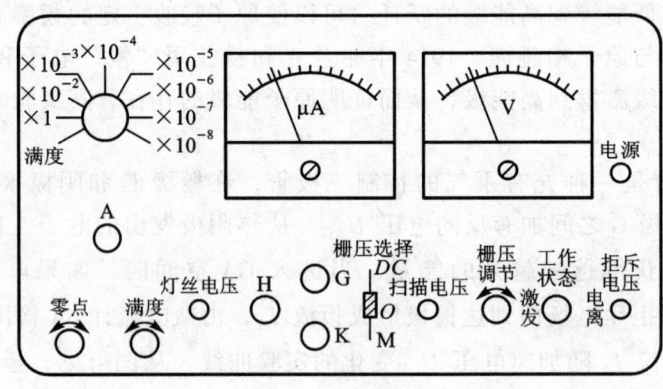

图 7-20 微电流测量放大器面版图

3. 将"工作状态"开关置于"激发"挡,"倍率"旋钮置于"×1"挡(或其他挡位)上调零,然后再将"倍率"旋钮置于"满度"挡,调满度(即使 $\mu A$ 表的指针指在最大的刻度上). "零点"和"满度"要反复进行校准.

4. 微电流测量放大器"栅压选择"开关仍拨在"DC",将"栅压调节"旋钮逆时针旋至最小. 如图 7-21 所示,用专用连线把微电流测量放大器上的 A、G、K、H 分别与加热炉上的 A、G、K、H 对应接通. 应当注意,不可接错,以免损坏仪器.

5. 用多用表测量 K,H 两端的灯丝电压(交流),如不在 6.3V,可用小改锥调节"灯丝电压"旋钮来获得.

6. 将测量放大器"倍率"旋钮置于"$10^{-5}$"(或者 $10^{-6}$)挡,"工作状态"旋转仍置于"激发"挡. 缓慢旋转"栅压调节"旋钮,使 $U_{GK}$ 的电压值逐渐地增加,并

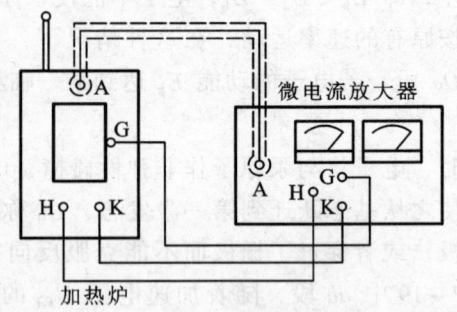

图 7-21 实验仪器装置图

仔细观察 $I_A$ 的变化，约每隔 0.5 V 读数一次，同时记录相应的 $I_A$ 的数值，为了便于作图，在峰谷值附近应多测几组 $I_A$ 和 $U_{GK}$ 值，先读 $I_A$ 值，再读 $U_{GK}$ 值。

7. 以 $U_{GK}$ 为横坐标，$I_A$ 为纵坐标，作出 $I_A - U_{GK}$ 曲线。计算出各相邻的 $I_A$ 急剧下降处之间的电势差，确定汞原子的第一激发电势。

8. 记录测试条件  用多用表测量 $U_{HK}$ 和 $U_{AG}$ 的电势差。测量 $U_{AG}$ 时，只要将多用表正极接在"G"极上，负极接在机壳上（$U_{AG} \approx -3.0$ V）。

9. 改变炉温，分别在 180 ℃、200 ℃下重复上述步骤，将测得的数据填入表 7-6 中，并在同一张坐标纸上作出 $I_A - U_{GK}$ 曲线，进行比较。

[注意事项]

1. 连接加热炉和微电流测量放大器各对应极 G、K、H 时，切勿接错或短路，以免烧坏仪器。

2. 加热炉外壳温度很高，操作时避免灼伤。

3. 做完实验后，将"栅压选择"和"工作状态"开关置于"0"，"栅压调节"旋钮旋到最小。暂不要拆除 K、H 连线，也不要切断微电流测量放大器电源，应先切断加热炉电源，待炉温低于 100 ℃之后再切断放大器电源。

[数据]

灯丝电压  $U_{HK}$ = _____ V；

拒斥电压  $U_{AG}$ = _____ V。

表 7-6  测定汞原子第一激发电势

| | | | | | | | | |
|---|---|---|---|---|---|---|---|---|
| $T$ = 160 ℃ | $U_{GK}$/V | | | | | | | |
| | $I_A/(10^{-6}$A) | | | | | | | |
| $T$ = 180 ℃ | $U_{GK}$/V | | | | | | | |
| | $I_A/(10^{-6}$A) | | | | | | | |
| $T$ = 200 ℃ | $U_{GK}$/V | | | | | | | |
| | $I_A/(10^{-6}$A) | | | | | | | |

$\overline{U_0}$ = _____ V。

[讨论]

1. 弗兰克-赫兹管的 $I_A - U_{GK}$ 曲线为什么是起伏上升的？

2. 为了准确地测出汞原子的第一激发电势 $U_0$，在测量时应注意哪些环节？

# 第八章 设计性实验

物理实验课程在完成一定数量的前导实验、基础实验和提高实验之后，安排一些简单的设计性实验，对学生智力的开发和能力的培养是非常有益的．设计性实验一方面可以检测学生掌握实验基本功的情况，另一方面可以对学生进行科学实验全过程的训练，有助于提高学生分析问题和解决实际问题的能力．为学生今后进行工程实验和科学实验奠定基础．

在设计性实验中，学生要根据实验室提出的带有一定综合性质或部分设计性的任务，查阅参考资料，推证有关理论，确定实验方法，选配仪器设备，拟定实验步骤，进行实验和数据处理，最后写出比较完整的实验报告．

本章选编了气轨上测重力加速度、用驻波法测振动频率、用电势差计校正电表、用干涉法测微小量和氢原子里德伯常量的测定等五个设计性实验，供各院校选用．

## 实验二十八　气轨上测重力加速度

[目的]
1. 在气垫导轨上测定当地的重力加速度．
2. 学会消除由空气粘性阻力造成的误差．

[提示]

当滑块在气垫导轨上运动时，它要受到空气粘性阻力的作用，在速度不大时，粘性阻力 $F_r$ 与速度 $v$ 成正比，即

$$F_r = - bv \tag{8-1}$$

式中 $b$ 为比例系数，负号表示粘性阻力的方向与物体速度的方向相反．

比例系数 $b$ 可以通过实验求出．首先将气垫导轨静态调平，滑块在水平方向运动时，只受到空气粘性阻力的作用，根据牛顿第二定律有

$$\begin{aligned} - bv = ma &= m \frac{\mathrm{d}v}{\mathrm{d}t} \\ &= m \frac{\mathrm{d}v}{\mathrm{d}x}\frac{\mathrm{d}x}{\mathrm{d}t} \\ &= mv \frac{\mathrm{d}v}{\mathrm{d}x} \end{aligned} \tag{8-2}$$

所以

$$b\mathrm{d}x = - m\mathrm{d}v \tag{8-3}$$

设光电门 I 的位置在 $x_1$，滑块通过该处的速度为 $v_1$；光电门 II 的位置在 $x_2$，滑块通过该处的速度为 $v_2$．对式(8-3)两边积分，有

$$\int_{x_1}^{x_2} b\,dx = \int_{v_1}^{v_2} -m\,dv \tag{8-4}$$

得

$$b = \frac{v_1 - v_2}{x_2 - x_1} m \tag{8-5}$$

由上式可见，只要测出光电门Ⅰ、光电门Ⅱ的位置 $x_1$、$x_2$，滑块经过两光电门的速度 $v_1$、$v_2$ 和滑块的质量 $m$，就可算出比例系数 $b$.

[要求]
1．设计一种用气垫导轨测量重力加速度的方案.
2．实验中要求尽量消除由空气粘性阻力所造成的系统误差.
3．简述实验原理.
4．拟出实验步骤，注意事项.
5．列出数据表格，计算实验结果，并与当地重力加速度的公认值（由实验室给出）比较，计算和分析误差.

[仪器]
气垫导轨，数字毫秒计，物理天平，遮光板，砝码盘及砝码.

# 实验二十九　用驻波法测振动频率

[目的]
1．掌握用驻波法测量振源的振动频率.
2．培养学生根据实验要求，设计实验的能力.

[提示]
根据波动理论，横波在弦线上传播的速度 $v$ 与弦线上的张力 $F$ 及弦线的线密度 $\rho$ 之间的关系为

$$v = \sqrt{\frac{F}{\rho}} \tag{8-6}$$

波速 $v$ 与振动频率 $f$ 和波长 $\lambda$ 之间的关系为

$$v = f\lambda \tag{8-7}$$

将式(8-7)代入式(8-6)得

$$f = \frac{1}{\lambda}\sqrt{\frac{F}{\rho}} \tag{8-8}$$

由上式可见，只要测出弦线中的张力 $F$、弦线的线密度 $\rho$ 和波长 $\lambda$，就可算出振动频率.

[要求]
1．简述实验的基本原理.
2．拟出实验步骤.
3．列出数据表格，计算实验结果，并与仪器示值比较，计算和分析误差.

[仪器]

电动音叉，物理天平，电源，开关，弦线，小滑轮，劈尖，砝码盘和砝码，卷尺．

## 实验三十　用电势差计校正电表

[目的]
1．学会用电势差计校正电流表和电压表．
2．训练简单测量电路的设计能力．
[要求]
1．分别画出用电势差计校正电流表和电压表的电路图．
2．根据箱式电势差计的量限及待校电流表、电压表的量程和内阻，选择测量电路中元件的规格、型号．
3．拟出实验步骤，注意事项．
4．列出数据表格，根据测量数据分别作出电流表和电压表的校正曲线．
[仪器]
箱式电势差计，毫安表，电压表，直流稳压电源，滑线变阻器，标准电阻，电阻箱，开关．

## 实验三十一　用干涉法测微小量

[目的]
1．用干涉法测量微小厚度(或直径)．
2．培养学生运用所学知识进行设计的能力．
[要求]
1．设计出实验的原理和方法，绘制实验的光路图．
2．推导出实验公式．
3．拟出实验步骤．
4．列出数据表格，计算实验结果，计算和分析误差．
[仪器]
读数显微镜，钠光灯，光学平板玻璃，45°玻璃片，待测片(涤纶薄膜、纸张或细金属丝)．

## 实验三十二　氢原子里德伯常量的测定

[目的]
1．测定氢原子里德伯常量．
2．培养学生根据实验要求，设计简单实验的独立工作能力．
[提示]
每种元素的原子光谱都有自己特定的波长和规律．1885年瑞士数学家巴耳末首先归纳出氢原子线光谱在可见光区域中谱线的分布规律，其数学表达式为

$$\lambda = B\frac{n^2}{n^2-2^2}, \quad n=3, 4, 5, \cdots \tag{8-9}$$

式中 $B$ 为恒量，其量值等于 364.56 nm，由上式求出的氢原子谱线称为**巴耳末谱线**.

1896 年瑞典物理学家里德伯将巴耳末公式改写为如下形式

$$\tilde{\sigma} = \frac{1}{\lambda} = R_H\left(\frac{1}{2^2} - \frac{1}{n^2}\right), \quad n=3, 4, 5, \cdots \tag{8-10}$$

式中 $\tilde{\sigma} = \frac{1}{\lambda}$ 称为波数，它表示单位长度上波长的数目；$R_H = \frac{4}{B}$ 称为氢原子**里德伯常量**，目前的测定值为 $1.097\,373\,153\,4\times 10^7 \mathrm{m}^{-1}$. 当 $n = 3, 4, 5$ 时，由式(8-10)求出的谱线称为**氢原子的特征谱线** $H_\alpha$、$H_\beta$、$H_\gamma$.

由式(8-10)可见，只要测量氢原子特征谱线的波长，就可算出氢原子里德伯常量.

[要求]

1. 简述实验原理.
2. 拟出实验步骤，注意事项.
3. 列出数据表格，计算实验结果，并与公认值比较，计算和分析误差.

[仪器]

分光计，光栅，氢灯，调压变压器.

由于氢灯点燃电压达 8 000 V，需要用霓虹灯变压器升压和用调压变压器控制，其线路如图 8-1 所示，操作时缓慢旋转调压变压器，调至 80~100 V 左右，点燃氢灯.

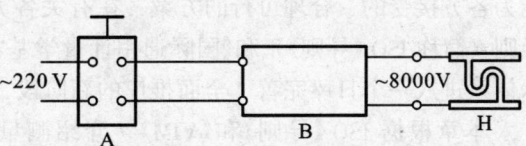

A—调压变压器；B—霓虹灯变压器；H—氢灯

图 8-1 氢灯线路图

[注意事项]

**氢灯使用高压电源，请切实采取安全措施，注意人身安全.**

# 第九章 测量不确定度

由于传统的误差理论的局限性，20世纪70年代，许多国家对建立新的误差及不确定度表示体系等问题提出一系列的看法和建议．1980年国际计量局(BIPM)汇集各国意见，提出《实验不确定度表示建议书 INC-1(1980)》，并于1981年10月在第70届国际计量委员会上修改通过，向各国推荐试作．建议书 INC-1 起到统一测量结果不确定度的基础作用，但由于对测量结果不确定度的估计方法以及表达形式在一些国家和不同科学领域中的不一致，导致了不好相互理解和测量结果难以正确运用．为此，有关国际组织，即国际计量局(BIPM)、国际标准化组织(ISO)、国际法制计量组织(OIML)、国际电工委员会(IEC)、国际纯化学和应用化学联合会(IUPAC)、国际纯物理和应用物理联合会(IUPAP)和国际临床化学联合会(IFCC)等，致力于制定一个统一的文件，以提供一个较全面的、能为各方接受的、合理可行的方案．在有关各方专家的参与下，于1993年公布《测量不确定度表达导则》(简称 ISO《导则》) 和《国际通用计量学基本术语》(第二版)(简称《VIM》)，从而使不确定度表示体系进入一个日臻完善、全面推广的新阶段．

本章根据 ISO《导则》和《VIM》，介绍测量结果不确定度的估计与表达．主要内容有测量不确定度、A类标准不确定度、B类标准不确定度、合成标准不确定度、自由度及等效自由度、扩展不确定度和不确定度传播定律等．

## §9-1 测量不确定度及其分类

### 一、测量不确定度

在测量中自始至终存在着误差，被测量的真值实际上是无法知道的，因此根据误差的定义，测量误差是测量值与真值之差，自然也无法求出．不确定度是指由于误差的存在而对被测量不能肯定的程度，是对被测量的真值以一定概率落于某一个量值范围内的一个评定．一句话，**不确定度是与测量相联系的一种参数，用于表征测量之值的可能的分散情况**．显然，不确定度小的测量结果，其可信赖的程度高，反之则低．

测量不确定度一般由若干分量组成．这些分量只用实验标准偏差给出，而称为**标准不确定度**．其中如果由测量列的测量结果按统计方法估计，则称为 **A类标准不确定度**．如果由用统计方法以外的其他方法估算，则称为 **B类标准不确定度**．

应当指出，A类不确定度分量和B类不确定度分量与以前的"随机误差"和"系统误差"不存在固定的对应关系．

### 二、A类不确定度分量

不确定度的A类分量是用统计方法计算，以标准偏差 $s$ 的形式给出的．在相同的条件下，

对被测量 $X$ 进行 $n$ 次独立的重复测量. 根据测量列, 用贝塞尔公式计算出的实验标准偏差 $s(x)$, 就是 A 类标准不确定度. 用 $u(x)$ 表示, 即

$$u(x) = s(x) \tag{9-1}$$

**自由度是指在测量列中, 独立残差的个数,** 用 $\nu$ 表示. 在相同的条件下对某一被测量进行几次独立的重复测量时, 由于残差的代数和为零 $\left[\sum_{i=1}^{n} v_i = \sum_{i=1}^{n}(x_i - \bar{x}) = 0\right]$, 所以其自由度 $\nu = n - 1$.

### 三、B 类不确定度分量

不确定度的 B 类分量是用统计方法以外的其他方法估算的. 在 B 类评定中, 虽然往往所依据的是计量器具的检定证书、标准、技术规范、手册上所提供的技术数据, 或国际上所公布的常量与常数等, 并且这类信息往往也是经过统计方法得出的, 只不过是给出的信息不全, 不能满足实验人员直接用以作为测量不确定度的一个分量. 它们往往只是给出一个极大值与极小值, 即真值所处的范围, 而未提供其分布以及自由度的大小. 根据现有的信息对这一分量进行评定, 包括近似的标准偏差以及相应的自由度, 就是不确定度 B 类分量的评定. 显然, 这类评定要求实验人员了解所依据的信息, 判断其可靠性, 也往往要求对其分布作出某种估计. 所有这些, 与实验人员的经验有关, 因而可能不同人员有不同的结论. 在这类判断和假设中, 当然越准确越好.

估计不确定度 B 类分量的常见方法是将测量的误差限值折合成近似的标准偏差. 往往在手册上或制造厂提供的质量控制说明书里, 给出了一个保证不致被超出的范围, 这就是所谓的误差限.

如果给出的范围在 $[-a, +a]$ 之内, 我们一般可以估计误差的概率分布是均匀分布的, 可将其误差限值 $a$ 除以一个因子 $\sqrt{3}$, 作为 B 类不确定度分量 $u$, 即

$$u = \frac{a}{\sqrt{3}} \tag{9-2}$$

如果我们有理由认为误差有更大可能接近于这个范围的中心, 则可估计其概率分布是三角分布. 可将其误差限值 $a$ 除以一个因子 $\sqrt{6}$, 作为 B 类不确定度分量 $u$, 即

$$u = \frac{a}{\sqrt{6}} \tag{9-3}$$

如果在误差限值内接近正态分布, 可将其误差限值 $a$ 除以一个因子 3, 作为 B 类不正确定度分量 $u$, 即

$$u = \frac{a}{3} \tag{9-4}$$

由 B 类评定得到的分量, 其自由度是由该分量 $u(x)$ 的可靠程度来判断的. 即通过估计 $u(x)$ 的可靠程度, 按下式估算出自由度 $\nu$, 即

$$\nu \approx \frac{1}{2}\left[\frac{\Delta u(x)}{u(x)}\right]^{-2} \tag{9-5}$$

式中 $\frac{\Delta u(x)}{u(x)}$ 为 $u(x)$ 的相对不确定度.

应当指出，由于自由度只应是正整数，如果经式(9-5)计算出的值带有小数，一般应按"只舍不入"的原则将其修约到一个较小的整数。

## §9-2 直接测量结果不确定度的估算

### 一、合成标准不确定度

当标准不确定度分量 $u_1(x)$，$u_2(x)$，$\cdots$，$u_n(x)$ 彼此独立时，则合成标准不确定度通常采用"方和根"法进行，用 $u_c$ 表示，即

$$u_c(x) = \sqrt{\sum_{i=1}^{n} u_i^2(x)} \tag{9-6}$$

### 二、有效自由度

合成标准不确定度 $u_c(x)$ 的自由度，称为**有效自由度**。用符号 $\nu_{\text{eff}}$ 表示。设被测量 $X$ 的标准不确定度分量分别为 $u_1(x)$，$u_2(x)$，$\cdots$，$u_n(x)$，且彼此独立，它们相应的自由度分别为 $\nu_1$，$\nu_2$，$\cdots$，$\nu_n$，则合成标准不确定度 $u_c(x)$ 的有效自由度 $\nu_{\text{eff}}$ 由下式给出，即

$$\nu_{\text{eff}} = \frac{u_c^4(x)}{\sum_{i=1}^{n} \dfrac{u_i^4(x)}{\nu_i}} \tag{9-7}$$

上式称为**韦尔奇-萨特思韦特公式**。

### 三、扩展不确定度

合成标准不确定度 $u_c(x)$ 是可以直接用于表示测量结果的不确定度的，但通过 $u_c(x)$ 给出的区间所能包含的被测量值分布太少。我们**将合成不确定度 $u_c(x)$ 乘一个大于 1 的因子数 $k$ 后的不确定度称为扩展不确定度**。用符号 $U$ 表示，即

$$U = k u_c(x) \tag{9-8}$$

式中 $k$ 称为**覆盖因子**。

在上式中，如果我们需要给出一个 $U$，它具有给定的置信概率 $P$，则这个扩展不确定度用符号 $U_P$ 表示，例如 $U_{0.95}$、$U_{0.99}$。而这时所用的覆盖因子用符号 $k_P$ 表示，例如 $k_{0.95}$、$k_{0.99}$。设被测量 $X$ 的最佳估计值为 $x$（$x = \bar{x}$ 或 $x = \bar{x} + \varepsilon$，$\varepsilon$ 为可定系统误差的修正量），这时被测量 $X$ 的真值在所处区间

$$x - U_P \leqslant X \leqslant x + U_P$$

内的概率为 $P$。

如果 $x$ 概率分布接近于正态分布，则可根据式(9-7)所得的 $\nu_{\text{eff}}$ 之值，从表 9-1 $t$ 分布的 $t_P(\nu)$ 值查得 $t_P(\nu_{\text{eff}})$，则覆盖因子 $k_P$ 为

$$k_P = t_P(\nu) \tag{9-9}$$

例如，置信概率 $P = 0.95$，有效自由度 $\nu_{\text{eff}} = 8$，从表 9-1 中查出 $t_P(\nu) = 2.31$，则 $k_{0.95} = 2.31$。

将式(9-9)代入式(9-8)得到在给定概率 $P$ 下的扩展不确定度 $U_P$，即

$$U_P = k_P u_c(x) = t_P(\nu_{\text{eff}}) u_c(x) \tag{9-10}$$

表 9-1 $t$ 分布的 $t_P(\nu)$ 值

| 自由度 $\nu$ | 置 信 概 率 $P/10^{-2}$ | | | | | |
|---|---|---|---|---|---|---|
| | 68.27 | 90 | 95 | 95.45 | 99 | 99.73 |
| 1 | 1.84 | 6.31 | 12.71 | 13.97 | 63.66 | 235.8 |
| 2 | 1.32 | 2.92 | 4.30 | 4.53 | 9.92 | 19.21 |
| 3 | 1.20 | 2.35 | 3.18 | 3.31 | 5.84 | 9.22 |
| 4 | 1.14 | 2.13 | 2.78 | 2.87 | 4.60 | 6.62 |
| 5 | 1.11 | 2.02 | 2.57 | 2.65 | 4.03 | 5.51 |
| 6 | 1.09 | 1.94 | 2.45 | 2.52 | 3.71 | 4.90 |
| 7 | 1.08 | 1.89 | 2.36 | 2.43 | 3.50 | 4.53 |
| 8 | 1.07 | 1.86 | 2.31 | 2.37 | 3.36 | 4.28 |
| 9 | 1.06 | 1.83 | 2.26 | 2.32 | 3.25 | 4.09 |
| 10 | 1.05 | 1.81 | 2.23 | 2.28 | 3.17 | 3.96 |
| 11 | 1.05 | 1.80 | 2.20 | 2.25 | 3.11 | 3.85 |
| 12 | 1.04 | 1.78 | 2.18 | 2.23 | 3.05 | 3.76 |
| 13 | 1.04 | 1.77 | 2.16 | 2.21 | 3.01 | 3.69 |
| 14 | 1.04 | 1.76 | 2.14 | 2.20 | 2.98 | 3.64 |
| 15 | 1.03 | 1.75 | 2.13 | 2.18 | 2.95 | 3.59 |
| 16 | 1.03 | 1.75 | 2.12 | 2.17 | 2.92 | 3.54 |
| 17 | 1.03 | 1.74 | 2.11 | 2.16 | 2.90 | 3.51 |
| 18 | 1.03 | 1.73 | 2.10 | 2.15 | 2.88 | 3.48 |
| 19 | 1.03 | 1.73 | 2.09 | 2.14 | 2.86 | 3.45 |
| 20 | 1.03 | 1.72 | 2.09 | 2.13 | 2.85 | 3.42 |
| 25 | 1.02 | 1.71 | 2.06 | 2.11 | 2.79 | 3.33 |
| 30 | 1.02 | 1.70 | 2.04 | 2.09 | 2.75 | 3.27 |
| 35 | 1.01 | 1.70 | 2.03 | 2.07 | 2.72 | 3.23 |
| 40 | 1.01 | 1.68 | 2.02 | 2.06 | 2.70 | 3.20 |
| 45 | 1.01 | 1.68 | 2.01 | 2.06 | 2.69 | 3.18 |
| 50 | 1.01 | 1.68 | 2.01 | 2.05 | 2.68 | 3.16 |
| 100 | 1.005 | 1.660 | 1.984 | 2.025 | 2.626 | 3.077 |
| $\infty$ | 1.000 | 1.645 | 1.960 | 2.000 | 2.576 | 3.000 |

## 四、直接测量结果的不确定度表达

对于多次直接测量的物理量，我们通常把结果表示为

$$X = x \pm U_P \tag{9-11}$$

上式表示，在 $x - U_P \sim x + U_P$ 的范围内含真值的概率为 $P$.

### 五、测量结果与不确定度的有效位数

对于测量结果及测量不确定度的有效位数，根据 JJG1027—91《测量误差及数据处理》中提出的原则做如下规定：

1. 测量结果的最终值的最后一位与扩展不确定度的最后一位对齐，而按"四舍六入五凑偶"的法则舍去其他多余的存疑数字．

2. 扩展不确定度的有效位数一般取 1～2 位，与置信概率 $P$ 值的大小无关．当有效数字第一个数等于和大于 3 时，取一位有效数字，反之取两位有效数字．至于 $u(x)$、$u_c$ 等这些处于计算过程中的量值，则应比 $U_P$ 多取一位有效数字，因而一律取 3 位有效数字．

**[例 1]** 用千分尺对圆柱体的高度 $h$ 进行测量．千分尺最小分度为 10 $\mu$m，在重复条件下得到的 6 次测量结果为 2.136 5 cm，2.137 0 cm，2.136 9 cm，2.138 0 cm，2.137 2 cm，2.137 4 cm．试表示圆柱体高度的测量结果．

**解**：平均值

$$\bar{h} = \frac{1}{n}\sum_{i=1}^{n} h_i = 2.137\ 2\ \text{cm}$$

在这一测量中的主要的不确定度分量有：
(1) $\bar{h}$ 的不确定度 $u_1 = s(\bar{h})$；
(2) 所用千分尺示值的不确定度 $u_2$；
(3) 读数的不确定度 $u_3$．

以上第一个分量可按本次测量列用统计方法得出，第二个分量根据千分尺的鉴定证书所给级别，按均匀分布进行估计．

(1) 
$$u_1 = s(\bar{h}) = \sqrt{\frac{\sum_{i=1}^{n}(h_i - \bar{h})^2}{n(n-1)}} = 2.08\ \mu\text{m}$$
$$\nu_1 = n - 1 = 5$$

(2) 千分尺的不确定度规定为 4 $\mu$m（0～100 mm 范围），按均匀分布，其标准不确定度分量

$$u_2 = \frac{4\ \mu\text{m}}{\sqrt{3}} = 2.31\ \mu\text{m}$$

按经验 $u_2$ 充分可靠，可给出其自由度 $\nu_2 = \infty$．

(3) 读数的不确定度可估计为标尺最小分度的四分之一，即 0.25 分度，等于 $0.25 \times 10\ \mu\text{m} = 2.5\ \mu\text{m}$，其标准不确定度按均匀分布估计为

$$u_3 = \frac{2.5\ \mu\text{m}}{\sqrt{3}} = 1.44\ \mu\text{m}$$

考虑 $\Delta u_3 = 0.2 u_3$，根据式(9-5)有

$$\nu_3 = \frac{1}{2}\left(\frac{\Delta u_3}{u_3}\right)^{-2} = 12.5$$

按"只舍不入"原则，$\nu_3 = 12$．

合成标准不确定度

$$u_c = \sqrt{\sum_{i=1}^{n} u_i^2} = 3.43\ \mu\text{m}$$

有效自由度

$$\nu_{\text{eff}} = \frac{u_c^4}{\sum_{i=1}^{n} \frac{u_i^4}{\nu_i}} = 33.7$$

有效自由度 $\nu_{\text{eff}} = 33$.

如取置信概率 $P = 0.95$，有效自由度 $\nu_{\text{eff}} = 33$，查表 9-1 可得

$$k_{0.95} = t_{0.95}(33) = 2.035$$

扩展不确定度

$$U_{0.95} = k_{0.95} u_c = 7 \ \mu m$$

最后给出的结果为

$$h = (2.137\ 2 \pm 0.000\ 7) \text{ cm}, \quad P = 0.95, \quad \nu = 33$$

# §9-3 间接测量结果不确定度的估算

## 一、不确定度传播定律

设间接测得量 $Y = f(X_1, X_2, \cdots, X_n)$，式中 $X_1, X_2, \cdots, X_n$，其标准不确定度分别为 $u(x_1), u(x_2) \cdots, u(x_n)$，对应的自由度分别为 $\nu_1, \nu_2, \cdots, \nu_n$，则间接测得量 $Y$ 的最佳估计值 $y$ 为

$$y = f(x_1, x_2, \cdots, x_n) \tag{9-12}$$

间接测得量 $Y$ 的合成不确定度 $u_c(y)$ 为

$$u_c(y) = \sqrt{\left(\frac{\partial f}{\partial X_1}\right)^2 u^2(x_1) + \left(\frac{\partial f}{\partial X_2}\right)^2 u^2(x_2) + \cdots + \left(\frac{\partial f}{\partial X_n}\right)^2 u^2(x_n)}$$

$$= \sqrt{\sum_{i=1}^{n} \left(\frac{\partial f}{\partial X_i}\right)^2 u^2(x_i)} \tag{9-13}$$

上式称为**不确定度传播定律**.

合成不确定度 $u_c(y)$ 的等效自由度 $\nu_{\text{eff}}$ 按下式给出，即

$$\nu_{\text{eff}} = \frac{u_c^4(y)}{\sum_{i=1}^{n} \frac{\left(\frac{\partial f}{\partial X_i}\right)^4 u^4(x_i)}{\nu_i}} \tag{9-14}$$

## 二、间接测量结果的不确定度表达

据置信概率 $P$ 和等效自由度 $\nu_{\text{eff}}$ 查表 9-1 $t$ 分布的 $t_P(\nu)$ 值，得到

$$k_P = t_P(\nu_{\text{eff}})$$
$$U_P = k_P u_c(y) \tag{9-15}$$

间接测得量 $Y$ 的最后结果表达为

$$Y = y \pm U_P \tag{9-16}$$

# 附 表

### 附表 I  基本物理常量（1986 年推荐值）

| 名　称 | 符　号 | 量　值 |
|---|---|---|
| 牛顿引力常量 | $G$ | $6.672\ 59\ (85) \times 10^{-11}\ \text{N}\cdot\text{m}^2\cdot\text{kg}^{-2}$ |
| 真空电容率 | $\varepsilon_0$ | $8.854\ 187\ 817\cdots \times 10^{-12}\ \text{F}\cdot\text{m}^{-1}$ |
| 真空磁导率 | $\mu_0$ | $12.566\ 370\ 614\cdots \times 10^{-7}\ \text{H}\cdot\text{m}^{-1}$ |
| 真空中的光速 | $c$ | $2.997\ 924\ 58 \times 10^8\ \text{m}\cdot\text{s}^{-1}$ |
| 阿伏伽德罗常量 | $N_A$ | $6.022\ 136\ 7\ (36) \times 10^{23}\ \text{mol}^{-1}$ |
| 理想气体的摩尔体积 | $V_m$ | $0.022\ 414\ 10\ (19)\ \text{m}^3\cdot\text{mol}^{-1}$ |
| 玻耳兹曼常量 | $k$ | $1.380\ 658\ (12) \times 10^{-23}\ \text{J}\cdot\text{K}^{-1}$ |
| 气体常量 | $R$ | $8.314\ 510\ (70)\ \text{J}\cdot\text{mol}^{-1}\cdot\text{K}^{-1}$ |
| 质子质量 | $m_p$ | $1.672\ 623\ 1\ (10) \times 10^{-27}\ \text{kg}$ |
| 电子质量 | $m_e$ | $9.109\ 389\ 7\ (54) \times 10^{-31}\ \text{kg}$ |
| 元电荷 | $e$ | $1.602\ 177\ 33\ (49) \times 10^{-19}\ \text{C}$ |
| 普朗克常量 | $h$ | $6.626\ 075\ 5\ (40) \times 10^{-34}\ \text{J}\cdot\text{s}$ |
| 里德伯常量 | $R_\infty$ | $1.097\ 373\ 153\ 4\ (13) \times 10^7\ \text{m}^{-1}$ |

注：本表根据最小二乘法平差得出，括号内的数字是给定值最后几位数的一个标准偏差的不确定度．

### 附表 II  国际单位制（SI）

| | 物理量名称 | 单 位 名 称 | 单 位 符 号 | 用其他 SI 单位表示式 |
|---|---|---|---|---|
| 基本单位 | 长度 | 米 | m | |
| | 质量 | 千克（公斤） | kg | |
| | 时间 | 秒 | s | |
| | 电流 | 安［培］ | A | |
| | 热力学温度 | 开［尔文］ | K | |
| | 物质的量 | 摩［尔］ | mol | |
| | 发光强度 | 坎［德拉］ | cd | |
| 辅助单位 | ［平面］角 | 弧度 | rad | |
| | 立体角 | 球面度 | sr | |
| 导出单位 | 面积 | 平方米 | m² | |
| | 速度 | 米每秒 | m/s | |
| | 加速度 | 米每二次方秒 | m/s² | |
| | 密度 | 千克每立方米 | kg/m³ | |
| | 频率 | 赫［兹］ | Hz | $\text{s}^{-1}$ |
| | 力 | 牛［顿］ | N | $\text{kg}\cdot\text{m}/\text{s}^2$ |
| | 压强、压力 | 帕［斯卡］ | Pa | $\text{N}/\text{m}^2$ |

续表

| | 物理量名称 | 单位名称 | 单位符号 | 用其他SI单位表示式 |
|---|---|---|---|---|
| 导出单位 | 功、能量、热量 | 焦[耳] | J | N·m |
| | 功率、辐射通量 | 瓦[特] | W | J/s |
| | 电量、电荷 | 库[仑] | C | A·s |
| | 电势、电压、电动势 | 伏[特] | V | W/A |
| | 电容 | 法[拉] | F | C/V |
| | 电阻 | 欧[姆] | Ω | V/A |
| | 磁通 | 韦[伯] | Wb | V·s |
| | 磁感强度 | 特[斯拉] | T | Wb/m$^2$ |
| | 电感 | 亨[利] | H | Wb/A |
| | 光通量 | 流[明] | lm | |
| | 光照度 | 勒[克斯] | lx | lm/m$^2$ |
| | 粘度 | 帕[斯卡]秒 | Pa·s | |
| | 表面张力 | 牛[顿]每米 | N/m | |
| | 比热容 | 焦[耳]每千克开[尔文] | J/(kg·K) | |
| | 热导率 | 瓦[特]每米开[尔文] | W/(m·K) | |
| | 电容率 | 法[拉]每米 | F/m | |
| | 磁导率 | 亨[利]每米 | H/m | |

附表Ⅲ 20℃时常用固体和液体的密度

| 物 质 | 密度 $\rho/(kg \cdot m^{-3})$ | 物 质 | 密度 $\rho/(kg \cdot m^{-3})$ |
|---|---|---|---|
| 铝 | 2 700 | 醋酸 | 1 049 |
| 铜 | 8 940 | 丙酮 | 791 |
| 金 | 19 300 | 碳酸 | 1 070 |
| 铁 | 7 860 | 蓖麻油 | 962 |
| 铅 | 11 342 | 氯仿 | 1 489 |
| 铂 | 21 400 | 汽油 | 680 |
| 银 | 10 500 | 甘油 | 1 261 |
| 钽 | 16 800 | 煤油 | 800 |
| 锡 | 7 300 | 润滑油 | 900 |
| 锌 | 6 920 | 汞 | 1 360 |
| 云母 | 2 900 ± 300 | 硫酸 | 1 831 |
| 石英 | 2 600 ± 50 | 硝酸 | 1 502 |
| 石膏 | 2 320 ± 10 | | |

附表 Ⅳ 常用金属的弹性模量

| 名称 | 弹性模量 $E/(10^9 \text{ N·m}^{-2})$ | 名称 | 弹性模量 $E/(10^9 \text{ N·m}^{-2})$ |
|---|---|---|---|
| 铝 | 68.7 | 铝合金 1100 | 68.7 |
| 铜 | 108 | 铝青铜合金 | 33.4 |
| 金 | 76.5 | 铍青铜合金 | 35.3 |
| 银 | 73.6 | 碳钢 AISI$_{1020}$ | 207 |
| 锌 | 88.3 | 不锈钢 | 196 |
| 镍 | 206 | 合金铜 | 200 |
| 铬 | 240 | 钛合金 | 114 |

附表 Ⅴ 在不同温度下与空气接触的水的表面张力系数 $\alpha$

| 温度/℃ | $\alpha/(10^{-3} \text{ N·m}^{-1})$ | 温度/℃ | $\alpha/(10^{-3} \text{ N·m}^{-1})$ | 温度/℃ | $\alpha/(10^{-3} \text{ N·m}^{-1})$ |
|---|---|---|---|---|---|
| 0 | 75.62 | 16 | 73.34 | 30 | 71.15 |
| 5 | 74.90 | 17 | 73.20 | 40 | 69.55 |
| 6 | 74.76 | 18 | 73.05 | 50 | 67.90 |
| 8 | 74.48 | 19 | 72.89 | 60 | 66.17 |
| 10 | 74.20 | 20 | 72.75 | 70 | 64.41 |
| 11 | 74.07 | 21 | 72.60 | 80 | 62.60 |
| 12 | 73.92 | 22 | 72.44 | 90 | 60.74 |
| 13 | 73.78 | 23 | 72.28 | 100 | 58.84 |
| 14 | 73.64 | 24 | 72.12 | | |
| 15 | 73.48 | 25 | 71.96 | | |

附表 Ⅵ 液体的粘度

| 液体 | 温度/℃ | 粘度/$(10^{-6} \text{ Pa·s})$ | 液体 | 温度/℃ | 粘度/$(10^{-6} \text{ Pa·s})$ |
|---|---|---|---|---|---|
| 汽油 | 0 | 1 788 | 甘油 | -20 | $134 \times 10^6$ |
| | 18 | 530 | | 0 | $121 \times 10^5$ |
| 甲醇 | 0 | 817 | | 20 | $1499 \times 10^3$ |
| | 20 | 584 | | 100 | 12 945 |
| 乙醇 | -20 | 2 780 | 蜂蜜 | 20 | $650 \times 10^4$ |
| | 0 | 1 780 | | 80 | $100 \times 10^3$ |
| | 20 | 1 190 | 鱼肝油 | 20 | 45 600 |
| 乙醚 | 0 | 296 | | 80 | 4 600 |
| | 20 | 243 | 水银 | -20 | 1 855 |
| 变压器油 | 20 | 19 800 | | 0 | 1 685 |
| 蓖麻油 | 10 | $242 \times 10^4$ | | 20 | 1 554 |
| 葵花子油 | 20 | 50 000 | | 100 | 1 224 |

附表Ⅶ 部分材料的导热系数

| 名　称 | 密度/(kg·m$^{-3}$) | 导热系数/(J·s$^{-1}$·m$^{-1}$·K$^{-1}$) |
|---|---|---|
| 空气(0 ℃) | | $2.4 \times 10^{-2}$ |
| 氢气(0 ℃) | | $1.4 \times 10^{-1}$ |
| 铝 | | $2.0 \times 10^{2}$ |
| 铜 | | $3.9 \times 10^{2}$ |
| 钢 | | $4.6 \times 10^{1}$ |
| 钢筋混凝土* | 2 400 | 1.55 |
| 碎石混凝土 | 2 000 | 1.16 |
| 粉煤灰矿渣混凝土 | 1 930 | 0.70 |
| 大理石、花岗石、玄武石 | 2 800 | 3.49 |
| 砂石、石英石 | 2 400 | 2.03 |
| 重石灰岩 | 2 000 | 1.16 |
| 矿渣砖 | 1 400 | $5.8 \times 10^{-1}$ |
| 砂(湿度<1%) | 1 600 | $8.1 \times 10^{-1}$ |
| 胶合板 | 600 | $1.7 \times 10^{-1}$ |
| 软木板 | 180 | $5.6 \times 10^{-2}$ |
| 沥青油毡 | 600 | $1.7 \times 10^{-1}$ |
| 石棉板 | 300 | $4.7 \times 10^{-2}$ |
| 聚氯乙烯(泡沫塑料) | 18.9 | $3.0 \times 10^{-2}$ |
| 聚氨酯 | 32.4 | $2.0 \times 10^{-2}$ |

\* 有关数据是在正常温度条件测定，否则将有较大差异.

附表Ⅷ 热电偶电动势的基本值

| 正端 | 铜 | 铁 | 镍－铬 | 铂铑 |
|---|---|---|---|---|
| 负端 | 康铜 | 康铜 | 镍 | 铂 |
| 测量温度/℃ | 基　本　值 | | | |
| | mV | mV | mV | mV |
| -200 | -5.7 | -8.15 | | |
| -100 | -3.40 | -4.75 | | |
| 0 | 0 | 0 | 0 | 0 |
| 100 | 4.25 | 5.37 | 4.10 | 0.643 |
| 200 | 9.20 | 10.95 | 8.13 | 1.436 |
| 300 | 14.90 | 16.56 | 12.21 | 2.316 |
| 400 | 21.00 | 22.16 | 16.40 | 3.251 |
| 500 | 27.41 | 27.85 | 20.65 | 4.221 |
| 600 | 34.31 | 33.64 | 24.91 | 5.224 |
| 700 | | 39.72 | 29.14 | 6.260 |
| 800 | | 46.22 | 33.30 | 7.329 |
| 900 | | 53.14 | 37.36 | 8.432 |
| 1 000 | | | 41.31 | 9.570 |
| 1 100 | | | 45.16 | 10.741 |

续表

| 正端<br>负端 | 铜<br>康铜 | 铁<br>康铜 | 镍-铬<br>镍 | 铂铑<br>铂 |
|---|---|---|---|---|
| 测量温度/℃ | 基 本 值 | | | |
| | mV | mV | mV | mV |
| 1 200 | | | 48.89 | 11.935 |
| 1 300 | | | 52.46 | 13.138 |
| 1 400 | | | | 14.337 |
| 1 500 | | | | 15.530 |
| 1 600 | | | | 16.716 |

注：在 0 ℃ ~ 400 ℃（对铂铑 - 铂热电偶是 0 ℃ ~ 600 ℃）的范围内，允许偏差是 ± 3 ℃. 超过此范围时，允许偏差是 ± 0.75 %（铂铑 - 铂热电偶为 ± 0.5 %）.
表中台阶粗线（根据工作经验）表示在洁净空气中长时间使用热电偶时的极限温度.

### 附表 Ⅸ  常温下某些物质的折射率

| 物 质 | $H_\alpha$ 线<br>（$\lambda$ = 656.3 nm） | D 线<br>（$\lambda$ = 589.3 nm） | $H_\beta$ 线<br>（$\lambda$ = 486.1 nm） |
|---|---|---|---|
| 水（18 ℃） | 1.331 4 | 1.333 2 | 1.337 3 |
| 乙醇（18 ℃） | 1.360 9 | 1.362 5 | 1.366 5 |
| 冕玻璃（轻） | 1.512 7 | 1.515 3 | 1.521 4 |
| 冕玻璃（重） | 1.612 6 | 1.615 2 | 1.621 3 |
| 燧石玻璃（轻） | 1.603 8 | 1.608 5 | 1.620 0 |
| 燧石玻璃（重） | 1.743 4 | 1.751 5 | 1.772 3 |
| 方解石（寻常光） | 1.654 5 | 1.658 5 | 1.667 9 |
| 方解石（非常光） | 1.486 4 | 1.486 4 | 1.490 8 |
| 水晶（寻常光） | 1.541 8 | 1.544 2 | 1.549 6 |
| 水晶（非常光） | 1.550 9 | 1.553 3 | 1.558 9 |

### 附表 Ⅹ  常用光源的谱线波长          单位：nm

| | | |
|---|---|---|
| 一、H（氢） | 447.15 蓝 | 589.592 ($D_1$) 黄 |
| 656.28 红 | 402.62 蓝紫 | 588.995 ($D_2$) 黄 |
| 486.13 绿蓝 | 388.87 蓝紫 | 五、Hg（汞） |
| 434.05 蓝 | 三、Ne（氖） | 623.44 橙 |
| 410.17 蓝紫 | 650.65 红 | 579.07 黄 |
| 397.01 紫蓝 | 640.23 橙 | 576.96 黄 |
| 二、He（氦） | 638.30 橙 | 546.07 绿 |
| 706.52 红 | 626.65 橙 | 491.60 绿蓝 |
| 667.82 红 | 621.73 橙 | 435.83 蓝 |
| 587.56 ($D_3$) 黄 | 614.31 橙 | 407.78 蓝紫 |
| 501.57 绿 | 588.19 黄 | 404.66 蓝紫 |
| 492.19 绿蓝 | 585.25 黄 | 六、He - Ne 激光 |
| 471.31 蓝 | 四、Na（钠） | 632.8 橙 |

**附表 Ⅺ　海平面上不同纬度处的重力加速度**

| 纬度 $\varphi/(°)$ | $g/(\mathrm{m\cdot s^{-2}})$ | 纬度 $\varphi/(°)$ | $g/(\mathrm{m\cdot s^{-2}})$ | 纬度 $\varphi/(°)$ | $g/(\mathrm{m\cdot s^{-2}})$ |
|---|---|---|---|---|---|
| 0 | 9.780 490 | 35 | 9.797 455 | 70 | 9.826 135 |
| 5 | 9.780 831 | 40 | 9.801 805 | 75 | 9.828 734 |
| 10 | 9.782 043 | 45 | 9.806 294 | 80 | 9.830 647 |
| 15 | 9.783 940 | 50 | 9.810 786 | 85 | 9.831 819 |
| 20 | 9.786 517 | 55 | 9.815 146 | 90 | 9.832 216 |
| 25 | 9.789 694 | 60 | 9.819 239 | | |
| 30 | 9.793 378 | 65 | 9.822 941 | | |

注：表中所列数据是根据公式

$$g = 9.780\,490\,00(1 + 0.005\,288\,4\sin^2\varphi - 0.000\,005\,9\sin^2 2\varphi)$$

算出的，其中 $\varphi$ 为纬度．

重力加速度与海拔高度 $h$ 的关系可以近似表示为

$$g_h = g - 0.000\,002\,860h$$

式中 $h$ 为海拔高度（单位为 m，$h \leqslant 40\,000$ m）；$g_h$ 为离海拔高度 $h$ 处的重力加速度（单位为 $\mathrm{m\cdot s^{-2}}$）．

**附表 Ⅻ　显影、定影、漂白液的配方**

D－19 显影液配方（全息照相用）

| | |
|---|---|
| 米吐尔 | 2 g |
| 无水亚硫酸钠 | 90 g |
| 几奴尼（对苯二酚） | 8 g |
| 无水碳酸钠 | 48 g |
| 溴化钾 | 5 g |
| 温水 50 ℃ | 800 ml |

F－5 定影配方（相纸、底片通用）

| | |
|---|---|
| 结晶硫代硫酸钠 | 240 g |
| 无水亚硫酸钠 | 15 g |
| 醋酸 30 % | 45 ml |
| 硼酸 | 7.5 g |
| 硫酸铝钾矾 | 15 g |
| 热水 60～70 ℃ | 600 ml |

漂白液配方

| | |
|---|---|
| 硫酸铜（20 % 溶液） | 42.5 ml |
| 溴化钾（20 % 溶液） | 42.5 ml |
| 重铬酸钾（饱和溶液） | 15 ml |
| 浓盐酸（48 % 溶液） | 10 滴 |
| 加水至 | 300 ml |

D－75 显影液配方（相纸、底片通用）

| | |
|---|---|
| 米吐尔 | 3 g |
| 无水亚硫酸钠 | 45 g |
| 几奴尼 | 12 g |

续表

| 无水碳酸钠 | 67.5 g |
| 溴化钾 | 2 g |
| 温水 30~45 ℃ | 750 ml |

D-76 微粒显影液配方（用普通照相底片）

| 米吐尔 | 3 g |
| 无水亚硫酸钠 | 100 g |
| 几奴尼 | 5 g |
| 硼砂 | 2 g |
| 温水 52 ℃ | 750 ml |

责任编辑　董洪光
封面设计　杨立新
责任绘图　黄建英
版式设计　王艳红
责任校对　尤　静
责任印制　田　甜

# 郑 重 声 明

高等教育出版社依法对本书享有专有出版权。任何未经许可的复制、销售行为均违反《中华人民共和国著作权法》，其行为人将承担相应的民事责任和行政责任，构成犯罪的，将被依法追究刑事责任。为了维护市场秩序，保护读者的合法权益，避免读者误用盗版书造成不良后果，我社将配合行政执法部门和司法机关对违法犯罪的单位和个人给予严厉打击。社会各界人士如发现上述侵权行为，希望及时举报，本社将奖励举报有功人员。

反盗版举报电话：(010) 58581897/58581896/58581879
传　　真：(010) 82086060
E - mail：dd@hep.com.cn
通信地址：北京市西城区德外大街 4 号
　　　　　高等教育出版社打击盗版办公室
邮　　编：100120

购书请拨打电话：(010)58581118

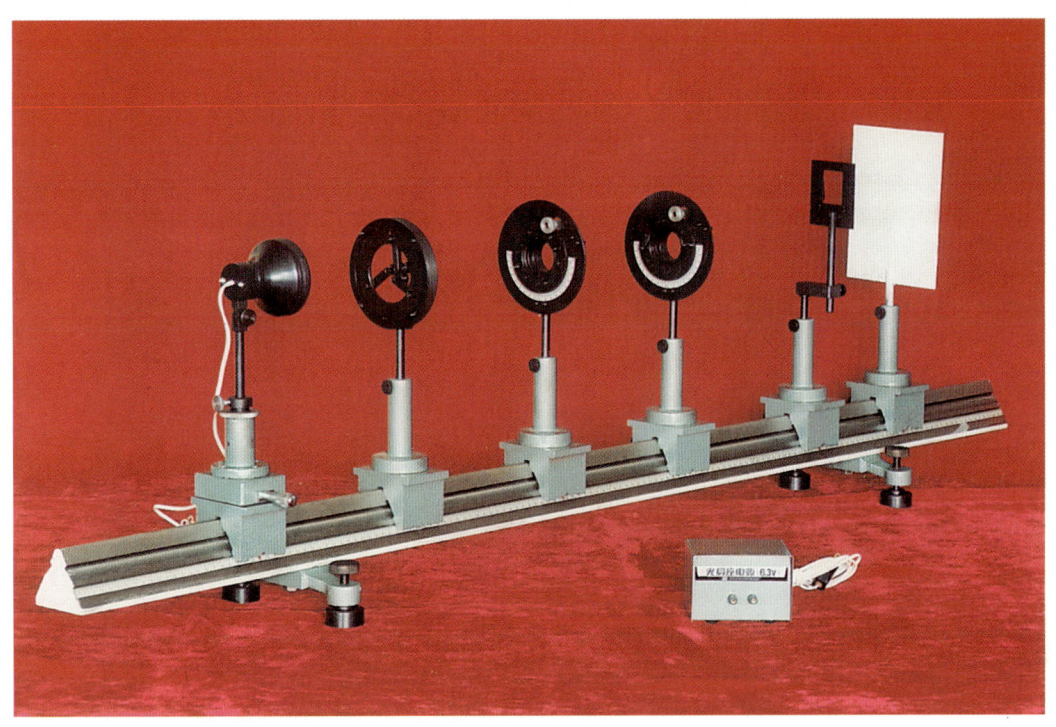

插图 I 光具座

插图 II 导热系数测定实验装置（左起：数字电压表、导热系数测定仪、调压变压器．）

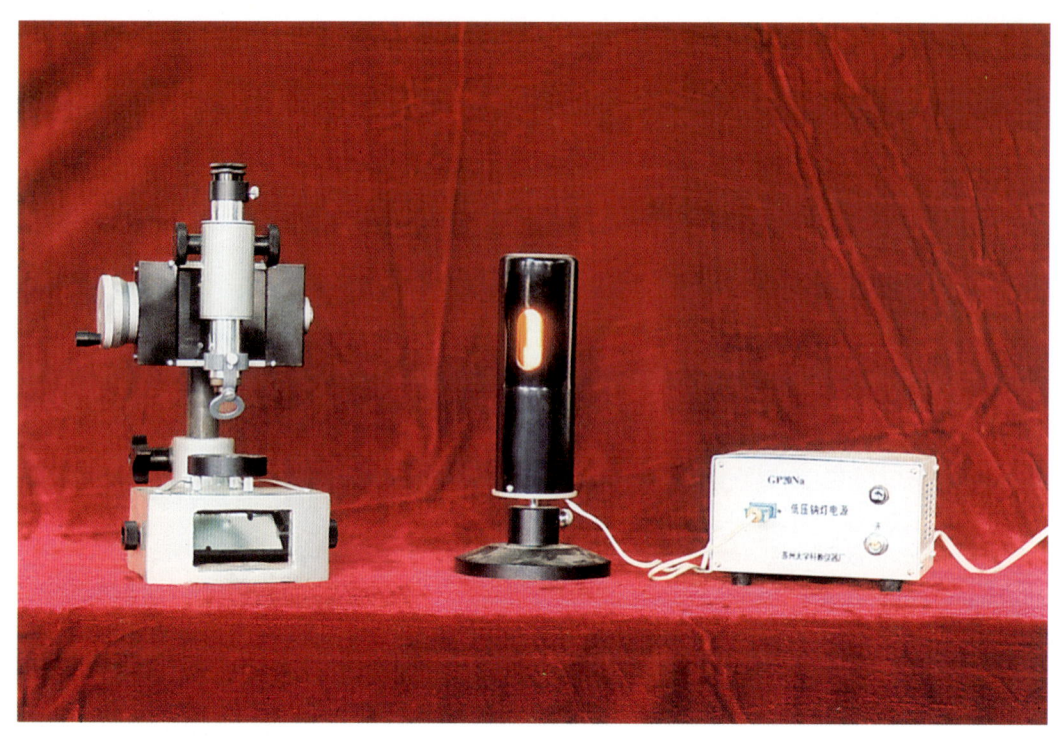

插图Ⅲ 光的干涉实验装置(左起:读数显微镜、钠光灯、钠光灯电源.)

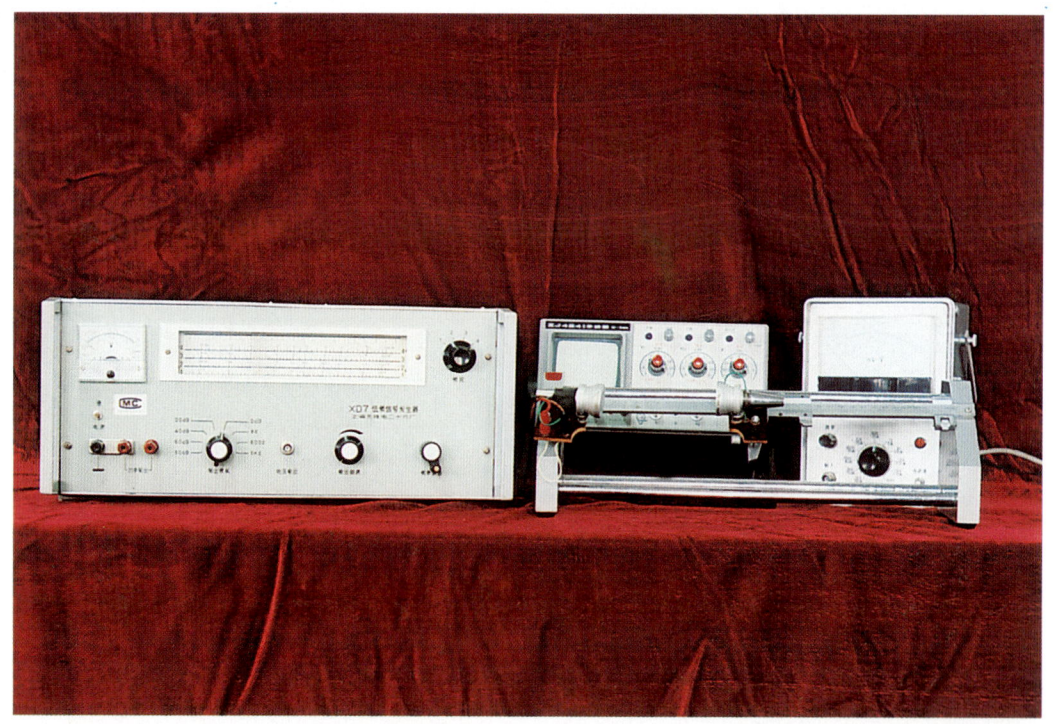

插图Ⅳ 声速测定实验装置(前排左起:信号发生器、超声声速测定仪.后排左起:示波器、晶体管毫伏表.)

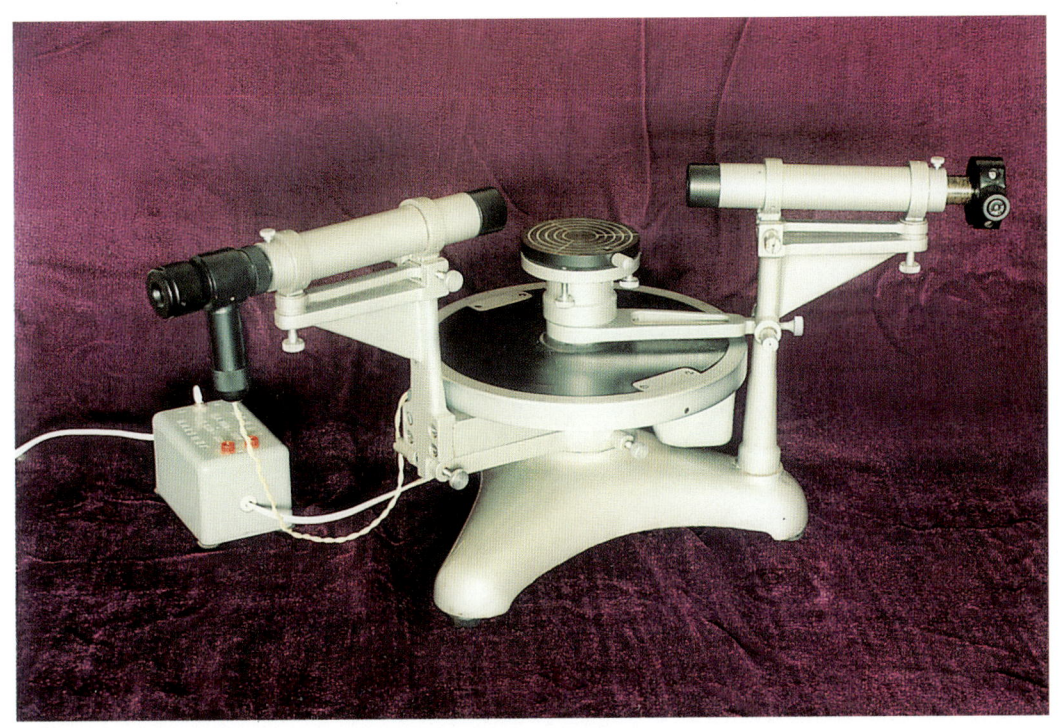

插图Ⅴ 分光计

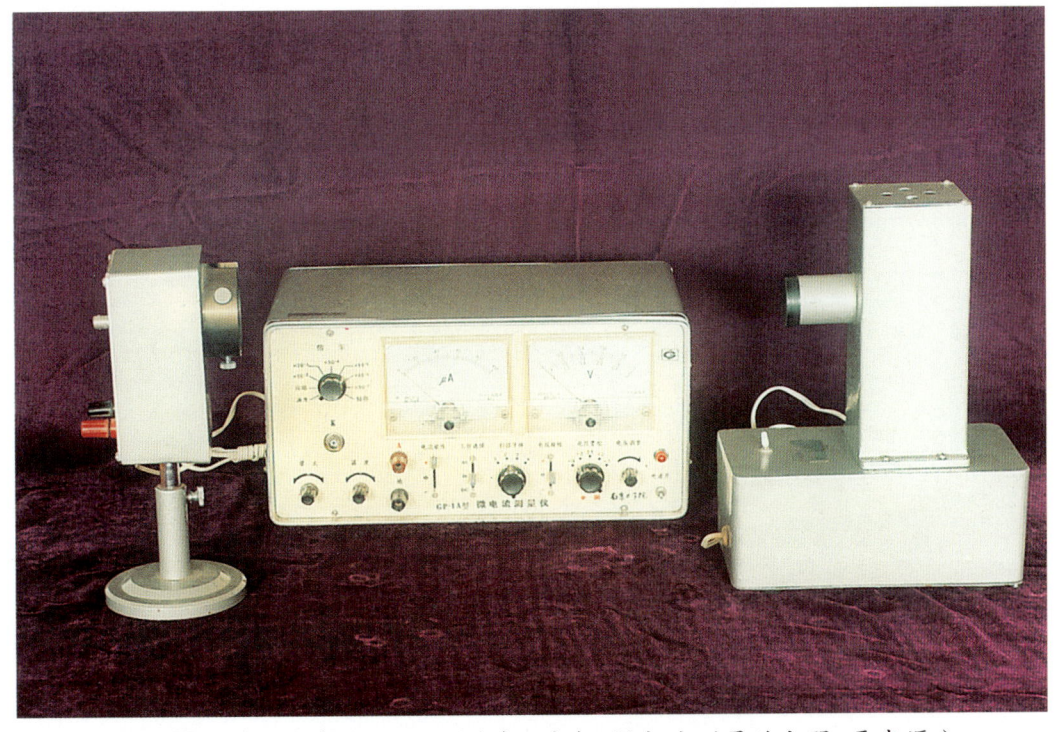

插图Ⅵ 普朗克常量测定仪(左起:暗盒、微电流测量放大器、汞光源.)

插图Ⅶ 迈克耳孙干涉仪

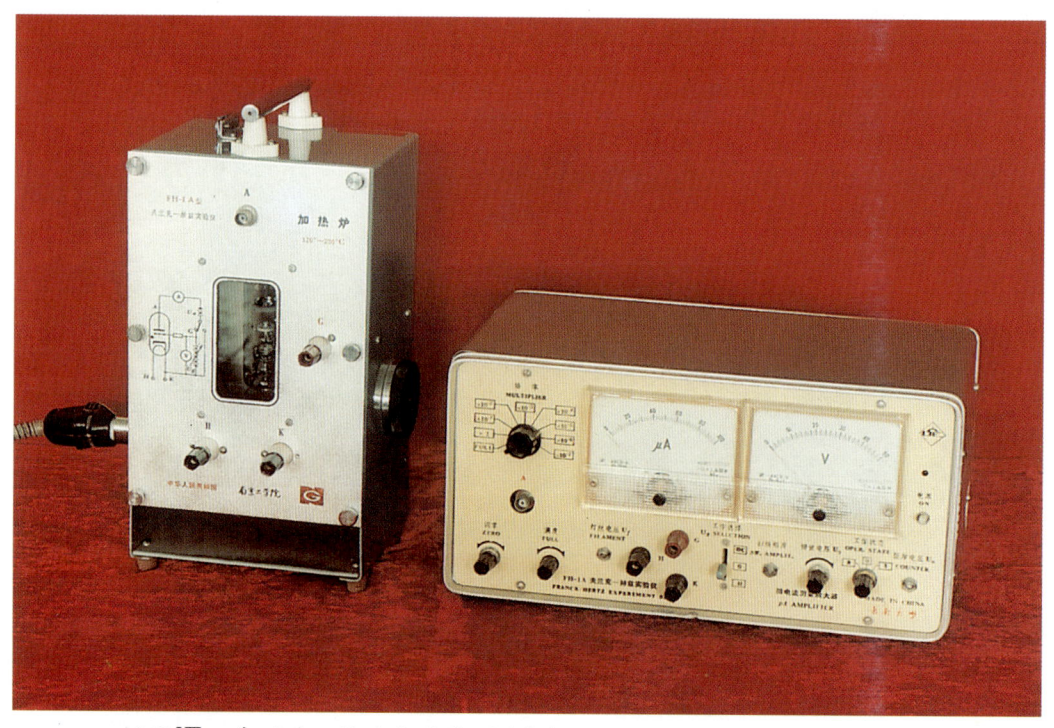

插图Ⅷ 弗兰克-赫兹实验装置(左起:加热炉、微电流测量放大器.)

## 高职高专物理教材

技术物理　　　　　　　　　　　　　　怀国桢　王文槿　主编

物理学　　　　　　　　　　　　　　　　　　　李迺伯　主编

高工专物理学　　　　　　　　　　　　周圣源　黄伟民　主编

物理实验教程　第二版　　　　　　　　　　　　李寿松　主编

大学物理实验　　　　　　　　　　　　　　　　郑伯玮　主编

ISBN 978-7-04-012414-9

定价 17.50 元